BASTEI
LÜBBE

In dieser Taschenbuchreihe sind folgende Romane erschienen:

22 001 David Shear
Der Tod und sein Bruder

22 002 Barry N. Malzberg
Auf einer Welt jahrtausendweit . . .

22 003 Ted Thomas u. Kate Wilhelm
Das Jahr des schweren Wassers

22 004 A. E. van Vogt
Das Gedankenfenster

22 005 Larry Niven/Jerry Pournelle
Das zweite Inferno

22 006 Philip K. Dick/Roger Zelazny
Der Gott des Zorns

22 007 Kate Wilhelm
Das Killer-Ding

Ted Thomas
Kate Wilhelm

Das Jahr des schweren Wassers

Science Fiction-Roman

BASTEI LÜBBE

BASTEI-LÜBBE-TASCHENBUCH
Science Fiction Bestseller
Band 22 003

Erste Auflage 9/1978
Zweite Auflage 3/1979

Deutsche Lizenzausgabe 1978
Bastei-Verlag Gustav H. Lübbe, Bergisch Gladbach
Originaltitel: The Jear of the Cloud
Ins Deutsche übertragen von Rosemarie Hundertmarck
Titelillustration: Selecciones Ilustradas
Umschlaggestaltung: Bastei-Grafik (W)
Druck und Verarbeitung:
Mohndruck Reinhard Mohn GmbH, Gütersloh
Printed in Western Germany
ISBN 3-404-01056-6

Der Preis dieses Bandes versteht sich einschließlich der gesetzlichen Mehrwertsteuer.

26. Februar

Dr. Henry Spain sah zu dem riesigen Objektiv des Teleskops hoch und schauderte. Auch seine dicke Jacke nützt nichts gegen die klamme Kälte im Observatorium. Er schüttelte den Kopf und murmelte Charlie Porter zu: »Etwas, das man unbedingt abschaffen müßte, ist der Monat Februar. Es ist ein scheußlicher Monat, ein total unnützer Monat.« Er fürchtete schon den Augenblick, wo das Kuppeldach geöffnet werden und die Luft der kalten Februarnacht hereinfluten und den Raum noch kälter machen würde.

Charlie Porter fror ebenfalls, aber er freute sich darauf, daß das Dach bald geöffnet werden würde. Er konnte dann nämlich diese Gefriertruhe verlassen, sich in seine warme Dunkelkammer zurückziehen und sich daranmachen, die Aufnahmen der letzten Nacht zu vergrößern. Es hatte seine Vorteile, wenn man in der Hierarchie des Observatoriums weit unten stand. Von einem Fotolaboranten erwartete niemand, daß er die Unbequemlichkeiten der winterlichen Sternenbeobachtung auf sich nahm.

Dr. Peter Yudkin kam die metallene Wendeltreppe hochgeklappert und gesellte sich zu ihnen. Spain und Porter wandten sich ihm beide mit der Ehrerbietung zu, die sich dem Direktor gegenüber gehört. Bei seinem Anblick wurde ihnen gleich noch kälter, denn Yudkin trug nur den Anzug, den er für gewöhnlich im Büro anhatte, keine Weste, keinen Pullover und keinen Mantel, und das Jackett stand über seinem recht ansehnlichen Bauch offen. Munter erklärte Yudkin: »Ist Sicht gut heute nacht. Wir gute Arbeit leisten werden. Wollen wir beginnen.« Yudkins Grammatik war ein unterbewußter Betrug. Er fühlte instinktiv, daß er Besucher damit beeindruckte, die einen ausländischen Wissenschaftler immer für etwas Besonderes halten. Wenn er sich auf seine Arbeit konzentrierte, vergaß er es und sprach ganz normal.

Porter verschwand. Als er die warme Dunkelkammer betrat, ließ er sein Jackett vorerst an, bis er seine Schalen und Flaschen zurechtgestellt hatte. Dann hing er es auf und sah die getrockneten Aufnahmen durch. Er prüfte sie, eine nach der anderen, indem er sie vor eine Leuchtplatte hielt und nach mechanischen Fehlern im Filmmaterial suchte.

Nun hatte Porter ein gutes Auge und einen feinen Sinn für Komposition. Er kam an ein Bild, das ihm nicht ganz richtig vorkam. Der Fehler war so geringfügig, daß er ihn nicht gleich finden konnte. Er zwang sich, sich zu entspannnen, zwinkerte und sah für einen Augenblick zur Zimmerdecke hoch. Dann richtete er seinen Blick wieder auf die Platte, ließ seine Augen hin und her wandern. Und gleich darauf hatte er es.

Unterhalb der Mitte und ein bißchen nach links entdeckte er einen schwachen Fleck. »Verdammt«, sagte Porter zu sich selbst. Er schaltete eine starke Deckenlampe ein und hielt die Aufnahme dagegen, er ließ das Licht von der blanken und von der beschichteten Seite reflektieren. »Kein Wasserfleck. Kein Schmutz. Muß an der Filmbeschichtung liegen.« Er dachte nach, und dann prüfte er die Aufnahmen, von denen die eine unmittelbar vor und die andere unmittelbar nach dieser gemacht worden waren. Auf beiden war der gleiche Fleck.

Porter rieb sich das Kinn. Er hatte den Eindruck, daß der Fleck auf der letzten Aufnahme ein bißchen deutlicher war. Er griff nach der letzten Aufnahme der ganzen Serie. Hier war der Fleck am besten zu erkennen. Also hatten die Kameras tatsächlich etwas fotografiert. Porter war ziemlich überzeugt davon, daß die Astronomen nicht danach gesucht hatten. Vielleicht war es ein bisher unbekannter Komet. Er grinste bei dem Gedanken. Fotolaboranten studieren für gewöhnlich die astronomischen Aufnahmen nicht, also konnte es gut sein, daß er der erste Vertreter seines Berufs war, der ein Himmelsobjekt entdeckte. Vor seinen Augen sah er den Bankettsaal, die U-förmig angeordneten Tische, die hellen Lichter, und er hörte den Sprecher sagen: »Es ist mir ein großes Vergnügen, Charlie Porter, dem Entdecker des bisher größten Kometen, jetzt als Porters Komet bekannt, die Ehrendotorwürde zu verleihen.«

Schnell fand Porter in die Wirklichkeit zurück. Er zog sein Jakkett wieder an und ging, um Dr. Spain aufzusuchen und ihn zu bitten, sich die Aufnahmen anzusehen.

Zehn Minuten später betrat nicht nur Spain, sondern auch Yudkin die Dunkelkammer. Yudkin drängte sich vor und verlangte: »Wo sind die Aufnahmen von gestern, auf denen etwas zu erkennen sein soll? Ich will sie sehen.«

Der Ton seiner Stimme reizte Porter. Deshalb reichte er ihm ohne Kommentar die schwächste Aufnahme. Yudkin hielt sie vor die Leuchtplatte und studierte sie. Er legte den Kopf zurück, um seine bifokalen Gläser in die richtige Stellung zu bringen. Sein Kinn berührte dabei die Fotografie beinahe.

Dann richtete er sich auf und verkündete: »Ich sehe nichts. Was soll denn Ihrer Meinung nach hier zu sehen sein?«

Porter wollte gerade schon seinen Versuch, Yudkin dumm dastehen zu lassen, bereuen, als ihn Yudkins schneidende Stimme von neuem ärgerte. Er tat etwas, was er nicht hätte tun sollen. Er benutzte Spain, um Yudkin noch mehr zu blamieren, nahm Yudkin die Aufnahme aus der Hand und behauptete: »Ich bin überzeugt, daß Dr. Spain es erkennen wird.« Er hielt Spain die Platte so hin, daß das Licht im richtigen Winkel darauf fiel, und zeigte auf den Fleck. »Sehen Sie das da, Dr. Spain? «

»Nun, ja«, gab Spain zu. Er griff nach der Fotokopie und hielt sie Yudkin hin. »Wenn man sie so gegen das Licht hält . . .« Er wies Yudkin den Fleck. »Sehen Sie es?«

Yudkin beugte sich vor, sah den Fleck, nickte und fragte: »Ist das irgend etwas? Zeigen Sie mir den Rest der Serie.«

Porter reichte Yudkin eine Aufnahme nach der anderen. Spain blickte über die Schulter seines Vorgesetzten. Beide wurden immer aufgeregter.

Zum Schluß schrie Yudkin beinahe: »Wir haben gestern nacht etwas entdeckt! Wir müssen es weiterstudieren.« Er drehte sich um und rannte aus der Dunkelkammer. Die beiden anderen folgten ihm.

Im Kontrollraum gab Yudkin dem Programmierer Anweisung, die Koordinaten der Bilder in den Computer einzugeben, und sechs Minuten später wurden sie in die Teleskopkontrollen eingespeist. Das riesige Gebilde schwang herum. Porter ging mit in die Kuppel. Er war zu aufgeregt, um die Kälte zu empfinden. Yudkin fauchte ihn an: »Wir brauchen Sie hier nicht, Mr. Porter. Warum beenden Sie Ihre Arbeit in der Dunkelkammer nicht?«

Porter verschlug es einen Augenblick lang die Sprache, und er starrte Yudkin ärgerlich an. Dann erklärte er: »Ich möchte sichergehen, daß die fotografische Arbeit bei dieser Angelegenheit bestens erledigt wird. Ich werde ein gröberes Korn und einen schnelleren Film benutzen, damit die Aufnahmen mehr Brillanz bekommen.«

Yudkin lief rot an und wollte ihm über den Mund fahren, als Spain mit den Worten eingriff: »Lassen Sie es uns im kurzen Infrarot, vielleicht im Ultraviolett versuchen. Vielleicht erkennen wir dann Genaueres.«

»Ja, und wir werden auch eine Spektralanalyse durchführen.« Yudkin begann, den in der Kuppel anwesenden Personen Befehle zu erteilen. Nach einer halben Stunde waren die Aufnahmen gemacht. Porter trug die belichteten Platten in seine Dunkelkammer und machte sich mit frischen Chemikalien ans Werk. Zwei Stunden später konnte er die ersten Platten prüfen. Der Fleck war da, genau im Mittelpunkt der Aufnahmen. Er trug sie in einer Schale in die Kuppel und zeigte sie Spain.

»Prima. Viel deutlicher als auf den Aufnahmen von gestern. Jetzt können wir die Position bestimmen und vielleicht eine Vorstellung von der Entfernung bekommen. Ich glaube, es ist nicht weit weg, etwa in der Mars-Umlaufbahn.« Spain ergriff die Schale und begab sich in den Computerraum. Die Techniker standen bereit, und bald klapperten die Tastaturen, als die für die Bestimmung der Position notwendigen Daten eingefüttert wurden.

Porter, dem es widerstrebte, seine wertvollen Platten aus dem Auge zu lassen, wäre am liebsten bei Spain geblieben, aber das

Fotografieren ging weiter. Als Spain mit den neuesten Nachrichten zurückkam, steckte er bis über die Ohren in Routinearbeiten.

»Es liegt auf der Erdbahn«, verkündete der Astronom. »Wir müssen mitten hindurch. Scheint eine transparente Wolke irgendeiner Art zu sein. Ist auf den Infrarot- und Ultraviolett-Aufnahmen schon etwas zu erkennen? Wir sollten herausfinden, was das eigentlich ist.«

Die anderen, Yudkin ausgenommen, starrten ihn mit offenem Mund an. Ein aufgeregtes Geschnatter ging los: »Mitten hindurch?« – »Was mag es sein?« – »Vielleicht Staub. Es wird Meteoritenschwärme geben.«

Yudkin, der seinen Mitarbeitern den Rücken zugewandt hatte, drehte sich um und bemerkte: »Wir müssen das staatliche Observatorium anrufen. Möglicherweise sind wir die ersten, die das gesehen haben, und wir müssen ihnen Bescheid geben. Dr. Spain, können Sie die Entfernung abschätzen?«

»In ein paar Minuten, Doktor.«

Eine Viertelstunde später konnte Spain die Frage seines Vorgesetzten beantworten. »Die Wolke ist fünf Tage von uns entfernt, und die Erde wird durch ihren Mittelpunkt wandern. Sie scheint dreimal größer als die Erde selbst zu sein, und sie besteht aus inertem, dünnem, transparentem Staub. Das ist alles, was ich im Augenblick weiß.«

Yudkin nickte. »Das ist genug. Ich werde jetzt anrufen.«

Spain und Porter folgten ihm die Treppe hinunter ins Büro und hörten zu, als Yudkin am Telefon berichtete: »Ich habe eine anscheinend aus Staub bestehende Wolke auf der Erdbahn entdeckt. Haben Sie sie schon bemerkt?«

Porter trat unbehaglich von einem Fuß auf den anderen und warf Spain einen Blick zu. Dieser zuckte die Schultern. Yudkin sprach weiter. Offensichtlich hatte das andere Observatorium die Wolke nicht gefunden. »Sehr gut«, schloß Yudkin. »Wir werden abwarten. Wir werden jetzt noch nichts bekanntgeben.« Er legte auf. Porter biß die Zähne zusammen.

»Was ist?« fragte Spain.

»Man wird nachsehen und uns zurückrufen. Wir sollen im Augenblick nichts veröffentlichen. Sie befürchten, es könne eine Panik entstehen, wenn die Leute erfahren, daß die Erde eine Wolke passieren wird. Nun, wir wollen weitere Daten sammeln.«

Im staatlichen Observatorium mußte man sehr emsig gewesen sein, denn eine halbe Stunde später kam der Rückruf. »Wir schicken einen Hubschrauber, der Sie abholen wird, Dr. Yudkin. Die NASA wird in vier Stunden eine Sonde zur Untersuchung des Sonnenwindes starten, und es kann ohne große Mühe eingerichtet werden, daß sie gleich auch ein paar Tests an dieser Wolke vornimmt – Proben einsammelt, Tierversuche und all das.«

»Haben Sie die Wolke bereits gesehen?« erkundigte sich Yudkin. »Nein. Wir haben ein paar Platten herausgesucht, die vor einem oder zwei Tagen gemacht worden sind, und darauf ist sie kaum zu entdecken. Sie müssen dort scharfe Aufgen haben.«

Spain war unterdessen nicht müßig gewesen. Er las Yudkin einige Zahlen vor. »Die Wolke ist nahezu rund und hat einen Durchmesser von zirka vierundzwanzigtausend Meilen. Unter der Annahme, daß sie kugelförmig ist, schätzen wir die Masse auf zweiundzwanzig mal zehn hoch zwölf short tons. Das bedeutet eine Materiekonzentration von etwa einem Pfund Staub auf siebzig Millionen Kubikfuß – eine ganz hübsch starke Konzentration. Über die Zusammensetzung liegen noch keine Angaben vor. Das beste wird sein, wenn die Sonde Proben entnimmt. Ihre Nachricht hat im staatlichen Observatorium wohl wie eine Bombe eingeschlagen?«

»Ja, der Hubschrauber wird in fünf Minuten hier sein. Sie werden die analytischen Arbeiten fortsetzen?«

»Ja, und sobald sich etwas Neues ergibt, werden wir Sie benachrichtigen. Kann ich Ihnen noch etwas besorgen, das Sie mitnehmen möchten?«

Yudkin schüttelte mürrisch den Kopf. Ihm fiel es schwer, zu einem Menschen »Danke« zu sagen.

Der Hubschrauber flog Dr. Yudkin direkt zur Raketenbasis, wo er einem eifrigen jungen Mann namens Bensen seine Wünsche bezüglich der Sonde mitteilte. Er verlangte auch, daß die Reaktion einer Materieprobe aus der Wolke auf die irdische Atmosphäre geprüft werde.

»Gute Idee, Doktor«, antwortete Bensen. »Ich glaube, das läßt sich machen, und wir erfahren dann im voraus, ob die Materie, aus der die Yudkin-Wolke besteht, auf unsere Atmosphäre reagiert.«

Die Sonde war bereits gestartet, als Spain anrief. »Dr. Yudkin, die Wolke entfernt sich von uns, aber langsam. Ich schätze, daß wir uns etwa vierundzwanzig Stunden innerhalb der Wolke befinden werden, gerade für eine vollständige Erdumdrehung. Haben Sie weitere Informationen?«

Geistesabwesend schüttelte Yudkin am Telefon den Kopf, doch Spain interpretierte sein Schweigen richtig und fuhr fort: »Hier haben einige Zeitungen angerufen und gefragt, ob irgend etwas im Gange sei. Haben Sie von dort aus eine Ankündigung gemacht?«

Yudkin schüttelte erneut den Kopf und sagte: »Nein, aber sie wissen, daß etwas los ist. Hier steht eine Gruppe von Reportern am Zaun. Ich rufe Sie später an. Bald werden wir einige Daten bekommen.«

Die Spannung im Kontrollraum wuchs, als die ersten Ergebnisse eintrafen. Allerdings besagten sie nicht viel. Den Tieren war nichts geschehen. Die Infrarot- und Ultraviolett-Aufnahmen ließen keine Rückschlüsse zu. Die Wolkenmaterie ruhte harmlos in den luftgefüllten Sammelflaschen.

Henry Ray, ein Chemiker, der die Analysen durchführte, betrachtete die Spuren verschiedener Absorptionsspektren. »Nun«, meinte er, »es scheinen große Moleküle zu sein, Kohlenwasserstoff, Sauerstoff in der Kette, so in der Art. Bis jetzt kann ich die Endgruppen nicht bestimmen und auch keine der Seitengruppen. Es sieht jedoch wie durch und durch organische Materie aus. Was hat das da draußen zu suchen?«

Bensen wandte sich an einen der anderen Chemiker und fragte: »Was hat er gesagt?«

Dieser schnaubte: »Er sagt, er weiß nicht, was es ist. Wir werden warten müssen, bis die Proben eintreffen.«

Der Verteidigungsminister rief an und verlangte, sofort über den Kometen informiert zu werden, von dem er soeben erfahren habe. Konnte es zu Katastrophen kommen, wenn die Erde ihn passierte? Er hörte sich alles an, was man ihm zu sagen hatte, und forderte sodann mit Nachdruck Geheimhaltung. Eine halbe Stunde später kam ein ähnlicher Anruf vom Weißen Haus, und danach klingelte das Telefon unaufhörlich.

Die Sonde kehrte exakt an den vorgesehenen Landeplatz zurück, wurde mit einem Hubschrauber zur zentralen Kontrolle geflogen, sorgfältig sterilisiert und geöffnet. Die Mäuse, die Tauben und die beiden Affen befanden sich bei bester Gesundheit, obwohl sie jetzt mehrere Stunden lang der Wolkenmaterie ausgesetzt gewesen waren. Die Analysen begannen.

Zehn Stunden später berief Bensen eine Konferenz ein. Auch Yudkin nahm daran teil. »Gibt es schon etwas Handfestes zu melden?« fragte Bensen.

»Ja«, antwortete Henry Ray. »Im großen und ganzen besteht die Wolke aus einer uns bekannten Materie. Es scheinen Partikel eines Polymers zu sein, eines mit einem hohen Molekulargewicht. Ich kann im Infrarot Äthylen-Verbindungen erkennen, und ich bin sicher, daß Äther-Gruppen dabei sind. Die Struktur scheint der eines Äthylen-Oxyd-Polymers zu entsprechen, aber . . .« Er hielt inne.

»Was für ein ›Aber‹ gibt es dabei?«

»Nun ja, in der Kette ist eine Gruppe, die ich nicht identifizieren kann. Sie ist zyklisch und dreidimensional. Ich vermute, ich muß dafür eine neue Technik entwickeln. Wichtig scheint die Gruppe nicht zu sein, aber ich kann es wirklich nicht sagen. Sie ist da, beziehungsweise etwas ist da.«

Yudkin meldete sich: »Haben Sie die Materie aus der Yudkin-Wolke« – alle sahen zu ihm hin – »an Tiere verfüttert?«

»Darauf wollte ich gerade kommen«, meinte Bensen. »Was haben die Biologen festgestellt, Frank?«

Frank Manners berichtete: »Bis jetzt ist bei den Tieren keine Wirkung festzustellen. Sie müssen jedoch bedenken, daß wir nur ein paar Milligramm von dem Zeug haben. Deshalb benutzen wir Mäuse, und wir haben noch nichts entdeckt. Wir haben angefangen, auch die Versuchstiere zu opfern. Die Autopsie brachte keine Ergebnisse.«

»Gut«, erklärte Yudkin. »Jene Mengen werden die gleichen sein, denen wir ausgesetzt sein werden.« Er nickte zufrieden.

Der Chef der Analytiker faßte zusammen: »Danach sieht es nicht so aus, als würde die Wolke – oh, Verzeihung, die Yudkin-Wolke – uns vor große Probleme stellen. Es scheint sich um eine inerte Materie zu handeln, auch wenn sie organisch ist, was das einzig Seltsame daran ist. Bis jetzt hat sie sich als harmlos und als ganz und gar nicht giftig erwiesen.«

»Und was ist mit dieser Gruppe, die wir nicht identifizieren können?«

»V0m biologischen Standpunkt aus ist sie wohl nicht wichtig, aber wir werden weiter daran arbeiten.«

Alle saßen schweigend da, bis Bensen erklärte: »Okay, ich werde oben darüber berichten und hören, was man dort zu sagen hat. Ich schlage vor, Sie gehen für eine halbe Stunde in die Cafeteria und trinken eine Tasse Kaffee, bis ich die Entscheidung des Hauptquartiers habe.«

Diese lautete einfach: Fahren Sie mit der Untersuchung der Materie aus der Wolke fort, aber geben Sie niemandem irgend etwas bekannt. Es hat keinen Sinn, die Bevölkerung in Panik zu versetzen, wenn wir nichts weiter zu erwarten haben als ein paar besonders farbenprächtige Sonnenuntergänge.

Der Morgen nach dieser Nacht, in der alle Wissenschaftler durchgearbeitet hatten, brachte nichts Neues. Die Wolkenmaterie war in fünfzigmal stärkeren Konzentrationen, als sie beim Durchgang der Erde auftreten würde, nicht toxisch. Immer noch wurde Geheimhaltung gefordert. Um 11 Uhr fiel die Entscheidung, der Präsident werde um 21 Uhr im Fernsehen die Bevölkerung in aller Ruhe über die Wolke informieren. Er wollte in seiner Ansprache besonderen Wert auf die Harmlosigkeit und die herrlichen Sonnenuntergänge legen.

Um zwölf Uhr mittags entdeckte jedoch ein begabter Amateur-Astronom namens Charles L. Stephens die Wolke auf einer in der letzten Nacht gemachten Aufnahme und rief das staatliche Observatorium deswegen an. Er wurde brüsk abgewiesen, und so sprach er mit einem ihm befreundeten anderen Amateur-Astronom darüber, der zufällig Angestellter der französischen Gesandtschaft in Baltimore war. Prompt berichtete er seinen Vorgesetzten davon, die prompt Paris anriefen. Als man im staatlichen Observatorium Stephens zurückrief, um ihn ins Vertrauen zu ziehen, war das Malheur schon passiert. Um 13 Uhr dreißig gab die französische Regierung der Welt die Situation bekannt.

Eine Panik entstand nicht.

28. März

Sam Brooks und Charlie Frazier steuerten ihr Bostoner Walfischboot an die Pier. Carl Loudermilch rief ihnen zu: »War wohl heute ziemlich windig dort draußen? Euch Wissenschaftler kann ich nur bewundern. Ob ein Sturm oder gleich die Hölle losbricht, ihr müßt eure Messungen durchführen. Ich persönlich ziehe das Faulenzerleben vor.«

Loudermilch hatte eine Angel in der einen und eine Büchse mit kaltem Bier in der anderen Hand. Er lehnte in der warmen Sonne gegen einen Poller. Zwar nannte er sich selbst einen Faulenzer, aber Brazier bemerkte, daß er neben sich auf der Pier sein Notizbuch liegen hatte. Loudermilch war wissenschaftlicher Journalist bei der New York Times. Seine Kenntnisse waren so umfassend, daß die Chemiker und Meeresbiologen ständig zu ihren Nachschlagewerken rannten, ohne ihn jemals bei einem

Fehler zu ertappen. Und doch war er so bescheiden, daß ihm niemand sein Wissen übelnahm, nicht einmal der brummige Sam Brooks. Carl Loudermilch machte in Nassau Urlaub, aber seine Zeitung hatte ihn beauftragt, nebenbei das Meeresprojekt zu verfolgen.

Eine Weile sah er zu, wie Brooks und Frazier ihre Geräte ausluden. Dann stand er auf und kam ihnen zu Hilfe. Brooks übergab ihm eine Reihe von Fläschchen, die Proben des Seewassers enthielten. Loudermilch hielt sie in die Höhe und erklärte: »Das sind die komischsten Fische, die ich je gesehen habe. Könnt ihr nicht einmal etwas Besseres fangen?«

Brooks stieg aus dem Boot und nahm ihm die Proben wieder ab. Er sagte: »Das ist unser Brot und unsere Butter. Und dieses Projekt kann auch Ihr Brot und Ihre Butter bedeuten. Wenn es von den Ozeanen abhängt, ob die Weltbevölkerung ernährt werden kann, sollten wir lieber damit anfangen, etwas über das Meer zu lernen.«

Die Flaschen wurden zu Kramer ins Labor gebracht. Er bereitete sie sofort für die Analysen vor. Loudermilch fragte: »Sie verschwenden keine Zeit. Verändern die Proben sich so schnell?«

Kramer lächelte. »Meerwasser beginnt sich zu verändern, sobald man es seiner Umgebung entnimmt. Deshalb habe ich versucht, ein größeres Schiff für dieses Projekt zu erhalten. Ich wollte die Wasserproben innerhalb von Sekunden nach ihrer Entnahme untersuchen. Aber Sie wissen, wie es ist, wenn man von der Howe-Stiftung Geld haben möchte. Vielleicht kann ich sie in ein paar Monaten davon überzeugen, daß wir wirklich ein größeres Schiff brauchen.« Er setzte hinzu: »Immer vorausgesetzt, natürlich, daß wir in ein paar Monaten noch hier sind. Gibt es etwas Neues über die Wolke, die wir passiert haben?«

Loudermilch schüttelte den Kopf. »Nein. Das Problem scheint zu sein, daß man keine richtigen Proben von der Materie bekommen konnte. Die Wolke war sehr dünn. Es heißt nur immer wieder, zur Beunruhigung bestehe absolut kein Anlaß. Die Tests, die man durchführen konnte, zeigen, daß die Materie harmlos ist. Mir kommt es so vor, als raten die Wissenschaftler immer noch herum.«

»Aber die Sonnenuntergänge sind prächtig«, meinte Kramer. »Wo steckt übrigens Frazier?«

»Ich weiß es nicht«, antwortete Sam Brooks. »Wahrscheinlich schläft er für heute abend auf Vorrat. Wie ich höre, gibt es bei Sloppy Joe eine neue Nummer zu sehen, und die wird Frazier nicht verpassen wollen.«

»Nun, er kann hart arbeiten, wenn es notwendig ist, und er ist ein guter Meeresbiologe«, bemerkte Kramer. »Wenn das Wetter im nächsten Monat besser wird und wir hier richtig anfangen, wird es sich erweisen.«

Loudermilch wandte sich an Brooks. »Wenn Frazier morgen früh nicht in Form ist und wenn es nicht allzu schlimmen Wind gibt, kann ich mit Ihnen hinausfahren.«

»Danke, Carl. Möglich, daß ich Ihr Angebot annehmen muß.« Brooks ging ins Nebenzimmer, setzte sich an seinen Schreibtisch und verfaßte seinen Bericht über die Arbeit des Tages.

Am nächsten Morgen kurz nach sechs wartete Carl Loudermilch an der Pier auf Sam Brooks. »Sieht aus, als sei ich Ihr Mann. Frazier und Harnish sind heute nacht spät zurückgekommen, und nach dem Getöse zu schließen, das ich gehört habe, werden sie vor Mittag nicht aus der Klappe finden.«

Kurze Zeit darauf waren sie unterwegs zu dem südwestlichen Riff. Loudermilch hatte sein Angelzeug, Brooks ein paar Butterbrote und Bier mitgenommen. Es war ein klarer Morgen, und der Himmel strahlte in den leuchtenden Farben, an die sie sich bereits gewöhnt hatten. Die See war glatt wie ein Spiegel bis auf die langen Wogen, die in Intervallen von zwanzig Sekunden anrollten. Eine Schule von sechs Tümmlern kreuzte ihren Weg und nahm von ihnen keine Notiz. Das Auf- und Wiedereintauchen der Tümmler vollzog sich so geschmeidig, daß sich das Wasser hinter ihnen kaum kräuselte.

In der Nähe des Riffs lag ein Motorsegler vor Anker, aber er hatte sich von dem Platz, wo sie ihn gestern nachmittag gesehen hatten, entfernt. Brooks wies darauf. »Sehen Sie mal, er liegt genau vor unseren Instrumenten. Hoffentlich hat der Anker keine beschädigt. Gestern war er weiter draußen.«

»Der Eigentümer muß die See lieben, wenn er eine so rauhe Nacht hier draußen verbracht hat«, meinte Loudermilch. »Kennen Sie ihn?«

»Nein, ich habe nur gelegentlich das Boot gesehen. Ich sollte ihn über unsere Arbeit informieren und ihn auffordern, sich davon fernzuhalten.«

Loudermilch setzte zu einer Bemerkung über die Freiheit der Meere an, verkniff sie sich aber, weil er Brooks kannte. Am Stern des Bootes stand in großen schwarzen Buchstaben der Name »Donado«. Vom Mast hing schlaff eine Flagge. Sie war rot mit einem weißen Diagonalstreifen. »Eine Taucherflagge«, erklärte Brooks. »Sie müssen gerade jetzt Taucher unten haben.« Er legte die Hände vor den Mund und rief: »Ahoi!«, aber es kam keine Antwort. »So eine Dummheit, niemanden an Bord zu lassen«, sagte er zu Loudermilch.

Zweihundert Meter entfernt waren die Blasen zu sehen, die die Taucher verursachten. Brooks regte sich auf. »Sie sind genau an unseren Instrumenten. Wenn sie irgend etwas beschädigt haben, werde ich dafür sorgen, daß sie schwer dafür bezahlen müssen. Diese Blödmänner . . .!«

»Langsam, langsam«, beruhigte Loudermilch ihn. »Wir wissen noch gar nicht, ob sie etwas angestellt haben. Wahrscheinlich sehen sie sich Ihre Geräte nur an. Warten Sie, bis Sie unten sind.«

Brooks brummte vor sich hin und hielt auf die Boje zu, die den Beginn der Reihe von Unterwasserbojen markierte. Er warf Anker, legte in aller Eile seine Taucherausrüstung an und hing sich verschiedene Utensilien um. Loudermilch half ihm. Brooks rot angelaufenes Gesicht und seine fahrige Art machten ihn besorgt. Beinahe hätte er vorgeschlagen, Brooks solle für ein paar Minuten zurück ins Boot kommen, aber er wußte, Brooks würde nicht auf ihn hören und dadurch nur noch gereizter werden. Als er Brooks das Viskosimeter reichte, betrachtete er aufmerksam die Taucherausrüstung, um festzustellen, ob etwas fehlte oder nicht in Ordnung war. Er entdeckte nichts.

Mit gewaltigem Platschen tauchte Brooks unter die Wasseroberfläche. Abgesehen von ein paar kurzen Pausen, in denen seine Ohren sich dem Druck anpassen konnten, ging er geradewegs auf den Grund. Loudermilch konnte sehen, wie er unten dahinschwamm. Er zog große Blasen hinter sich her. Brooks pustete vor körperlicher Anstrengung und vor Erregung. Er würde mit seiner Preßluftflasche keine Stunde auskommen.

Brooks erreichte die erste Unterwasserboje, nahm eine Wasserprobe und las die Instrumente ab. An der nächsten Boje brach er seinen Bleistift ab, als er die Viskosität des Wassers notierte. Er hielt an und schärfte die Spitze, zwanzig Fuß tief auf einem Korallenriff kniend, mit seinem Messer. Dann schwamm er weiter. Er hatte das vage Gefühl, daß etwas nicht stimmte, aber er war zu aufgeregt, um eine Pause einzuschalten und herauszufinden, was es war.

An der fünften Boje entdeckte er die beiden Taucher. Sie lagen bewegungslos auf dem Korallenriff, und eine große Schule Blaustreifengrunzer schwärmte um sie her. Einer der Taucher lag ganz nahe an Brooks' Instrumenten, und er stieß kräftiger aus, um an ihn zu gelangen und ihn wegzujagen. Als er bis auf fünfzig Fuß herangekommen war, gingen ihm die Augen auf. Der Taucher neben seinen Instrumenten war ein Mädchen, und selbst in seiner Wut konnte Brooks erkennen, daß es sich um ein bemerkenswertes Mädchen handelte. Sie trug einen kohlschwarzen, knappen Bikini, der in scharfem Kontrast zu ihrer sonnengebräunten Haut stand. Ihr Haar war hellbraun, genau wie die Korallen, auf denen sie lag, und es war lang und in ihrem Nacken mit einer Silberspange zusammengehalten. Das Ende des Pferdeschwanzes schwebte hinter ihr und rollte sich um eine Zacke. Sie sah aus, als wachse sie dort. Sie war schlank. An den Rändern ihres Büstenhalters und ihres Höschens wölbten sich keine Spuren von Fleischröllchen vor. Ihre Gesichtsmaske, ihr

Bleigürtel und ihre Preßluftflasche waren ebenfalls schwarz. Ihr Gesicht lag neben den Instrumenten, die von einer weißen Nylonschnur hingen, und die Schule Blaustreifengrunzer umgab sie wie ein Mantel.

Der andere Taucher war ein Mann, tief sonnengebräunt, das Haar von der Sonne weiß gebleicht, und sein langer Körper schlängelte sich zwischen den Korallen. Er richtete eine Kamera auf das Mädchen. Während Brooks auf sie zuschoß, hatte er den Eindruck, daß sie schon lange Zeit dort liegen mußten. Normalerweise fliehen Blaustreifengrunzer vor Tauchern. Und jetzt, als Brocks bis auf fünfzehn Fuß heran war, schoß die ganze Schule plötzlich im Zickzack davon, und das Bild war verdorben.

Der Mann kam aus den Korallen hervor. Das Mädchen hob den Kopf und sah Brooks an. Er gab ihnen durch Handzeichen zu verstehen, sie sollten sich von seinen Instrumenten entfernen. Immer wieder zeigte er erst auf die Geräte, dann auf sich und winkte ab. Es war klar, was er meinte: Das da gehört mir, und Sie haben hier nichts zu suchen. Also machen Sie, daß sie fortkommen.

Der Mann schüttelte den Kopf, zeigte auf seine Kamera und das Mädchen und winkte Brooks weg. Brooks verlor die Beherrschung. Er stürzte sich auf den Mann, um ihn von der Boje wegzustoßen. Im letzten Augenblick wich der Mann aus, rollte sich auf die Seite und ergriff Brooks' Arm, als er an ihm vorbeischoß. In einer Rolle brachte er seinen Körper erst über und dann unter den von Brooks, und dann gab er Brooks einen Schubs in die Richtung, die er angedeutet hatte. Brooks war fünf Fuß weit weg, bevor er halten, seine Maske leeren und sich umdrehen konnte. Doch jetzt war er vorsichtig geworden. Er hatte die Stärke in diesen Händen gefühlt. Auf den Rippen des Mannes entdeckte er einen schwarzen Schmierstreifen, der vorher nicht dagewesen war. Er wußte, was das war, und hob seine Schreibtafel vor die Augen. Alle Notizen, die er mit dem schwarzen Bleistift darauf vermerkt hatte, waren unentzifferbar verwischt.

Wut überkam ihn, aber die Erinnerung an die Hände des

Mannes hielt ihn zurück. Einen Augenblick lang dachte Broocks daran, sein Messer zu ziehen, doch der gesunde Menschenverstand siegte. Er wies mit dem Daumen nach oben, das Signal der Taucher, an die Oberfläche zu steigen. Der andere sah das Mädchen an, und dann nickte er Brooks zu. Brooks schoß nach oben und vertauschte das Mundstück der Preßluftflasche mit dem Schnorchel. Der Mann und das Mädchen folgten ihm langsam und mühelos, und sie griffen schon zu ihren Schnorcheln, als sie noch ungefähr zehn Fuß unter Wasser waren. Eine ununterbrochene Kette von Blasen zog hinter ihnen her.

Sobald sie die Köpfe über Wasser hatten, brüllte Brooks los: »Was denken Sie sich eigentlich? Wissen Sie nicht, daß wir da unten sehr wichtige Experimente durchführen? Was glauben Sie, wer Sie sind?«

Weder der Mann noch das Mädchen antwortete. Beide hielten ihre Gesichter in das Wasser, atmeten durch ihre Schnorchel und sahen Brooks durch das Wasser an. Der Mann hob eine Hand und zeigte in die Richtung hinter Brooks. Brooks drehte sich um und sah den Motorsegler fünfzig Meter entfernt vor Anker liegen. Da die beiden anderen darauf zuschwammen, tat Brooks dasselbe. Er war zuerst da und stieg mit einiger Mühe die Strickleiter hoch. Als er an Deck war, vernahm er das Brummen eines Außenbordmotors. Loudermilch näherte sich ihnen und kam längsseits, gerade als der Mann und das Mädchen in das Cockpit kletterten. Loudermilch rief: »Darf ich an Bord kommen, Skipper?«

»Kommen Sie«, antwortete der Mann und fing das Tau auf, das Loudermilch ihm zuwarf. Er machte es fest und half Loudermilch ins Cockpit.

»Ich vermute, Sie haben sich einander alle schon vorgestellt«, meinte Loudermilch. »Mein Name ist Carl Loudermilch.« Er streckte seine Hand aus.

»Hugh Winthrop«, sagte der Mann. »Und das ist Gail Cooper. Nein, vorgestellt haben wir uns noch nicht.« Er wies mit dem Kopf auf Brooks.

Brooks öffnete den Mund, doch Loudermilch unterbrach ihn, indem er sich an Gail wandte: »Ich freue mich sehr, Sie kennenzulernen, junge Dame.« Mit einem Blick auf die Kamera, die Winthrop noch um den Hals hängen hatte, setzte er hinzu: »Wenn Sie sein Modell sind, möchte ich annehmen, daß Mr. Winthrop hier ein international bekannter Fotograf ist.« Er ließ Winthrops Hand los und schüttelte die von Gail.

Gail lächelte. Ihre Zähne waren gleichmäßig und verblüffend weiß in ihrem sonnengebräunten Gesicht. Ihr Mund war großzügig geschwungen. »Danke. Wenn ein bekannter Journalist wie Sie so etwas sagt, ist es angenehm zu hören.«

Winthrop behielt Brooks im Auge und wartete darauf, daß dieser etwas sagen würde. Loudermilch brach das angespannte Schweigen. »Hugh Winthrop, ich möchte Ihnen Dr. Samuel Brooks, Meeresbiologe, vorstellen. Er führt eine Serie von Experimenten in diesen Gewässern durch. Man versucht, optimale Lebensbedingungen für Fische zu finden – das kann in Zukunft nützlich sein, wenn die Welt mehr Nahrungsmittel braucht. Sie wissen schon, Bevölkerungsexplosion und all das.«

Keiner der beiden Männer sprach. Sie gaben sich auch nicht die Hand. Erneut wurde das Schweigen peinlich. Loudermilch seufzte. »Nun ja, lassen Sie uns darüber sprechen. Was ist unter Wasser geschehen?«

Brooks fauchte: »Er hat versucht, meine Messungen zu stören! Er hat Boje Nummer fünf beschädigt!«

Winthrop äußerte sich nicht dazu. Er sah Brooks nur an. Gail war es, die erwiderte: »Ich verstehe nicht, Dr. Brooks. Wir haben nichts von Ihren Sachen berührt. Wir haben sie nur als Kulisse für eine Aufnahme benutzt.«

Beinahe wäre Brooks gegen sie grob geworden, aber er bezwang sich und sagte: »Sie hielten sich im Umkreis meiner Instrumente auf, und ihre Körpertemperatur kann meine Messungen verfälschen. Auch ändern fortgesetzte Bewegungen an jener Stelle die Kalzium-Ion-Konzentration, und das ist einer der wichtigsten Parameter, die wir untersuchen.«

Winthrop nickte. »Ich verstehe. Ich bin Ihnen wohl eine Entschuldigung schuldig. Daß Sie derartig exakte Messungen durchführen, wußte ich nicht. In Zukunft werde ich mich mit Ihnen absprechen. Das Bild, das ich Ihretwegen nicht machen konnte, wäre bezaubernd geworden, und ich würde es gern bald noch einmal versuchen. Läßt sich das arrangieren?«

Brooks' Zorn schmolz dahin. Loudermilch lächelte, Gail ebenfalls, und Winthrop hatte das unheildrohende Schweigen aufgegeben. Nach einem tiefen Atemzug erklärte Brooks: »Doch, ja. Ich werde die Meßergebnisse an der Boje, die wir gerade verlassen haben, ablesen, und dann können Sie sie von neuem benutzen. Dann hat die Stelle etwa zwanzig Stunden Zeit, um wieder normale Bedingungen anzunehmen.«

Gail rieb mit der Hand über den schwarzen Schmierstreifen auf Winthrops Rippen und betrachtete dann ihre Finger. »Was ist das?«

Brooks mißfiel diese Art der Berührung. Es war beinahe ine Liebkosung, und das vor aller Augen. Er sagte: »Das ist Graphit von der Tafel, auf die ich meine Notizen schreibe. Er hat es verwischt, als ich . . . als wir . . .« Er hielt inne, fummelte nach seiner Tafel und hielt sie ihnen hin. Loudermilch sah schnell von einem zum anderen, aber keiner äußerte etwas dazu.

Und während er noch den Blick auf seine Tafel gerichtet hielt, erinnerte sich Brooks plötzlich daran, daß er das Gefühl gehabt hatte, es stimme etwas nicht. Die Viskosität des Wassers. Sie war anomal hoch gewesen. Stirnrunzelnd starrte er die Tafel an und begann, auf seiner Unterlippe herumzukauen.

»Was ist los, Sam?« fragte Loudermilch.

Kopfschüttelnd antwortete Brooks: »Mir wird gerade klar, daß alle Angaben über die Viskosität zu hoch waren. Ich muß ein Viskosimeter wohl rekalibrieren.«

Winthrop warf ein: »Können Sie das hier tun? Vielleicht kann ich Ihnen helfen. Ich habe mich gefragt . . .« Er verstummte.

»Ich bin nur ein Beobachter«, sagte Loudermilch, »aber ich schlage vor, daß Sie bis morgen warten. Der Wind kommt auf.«

»Ja«, stimmte Brooks zu. »Ich muß das Viskosimeter sowieso im Labor überprüfen. Gehen wir.«

Winthrop schlug vor: »Wenn Sie allein tauchen, können wir vielleicht morgen mit Ihnen gehen.«

Brooks zögerte. Loudermilch sagte: »Das könnte eine gute Idee sein, Sam. Es wird Ihnen schwerfallen, einen Ihrer Kollegen herzubekommen.«

»Wenn es Ihnen recht ist, können wir die Donado als Basis benützen«, fuhr Winthrop fort. »Ich lege heute abend in Coral Harbor an, und dann könnten wir bei Sonnenaufgang aufbrechen.«

»Gut«, willigte Brooks ein.

Loudermilch meinte: »Kommen Sie doch später ins Laboratorium und lernen Sie den Rest der Gruppe kennen. Wir spendieren Ihnen ein Bier. Kommen auch Sie, Miß Cooper – bitte.«

Als Loudermilch und Brooks mit ihrem Walfischboot verschwunden waren, bemerkte Gail: »Ich staune über dich, Hugh. Seit wann bist du daran interessiert, die Wissenschaft zu fördern, besonders wenn das den Umgang mit einem Neurotiker wie Sam Brooks bedeutet? Ich traue ihm nicht.«

Winthrop zuckte die Schultern. »Er ist der typische verrückte Wissenschaftler, so besessen von seiner Arbeit, daß er den gesunden Menschenverstand verloren hat. Hast du ihn da unten beobachtet? Er hätte mich beinahe mit dem Messer angegriffen. Ich hätte gezwungen sein können, ihm den Hals zu brechen.«

Gail legte die Arme um seinen Nacken und schmiegte sich an ihn. »Du hast meine Frage nicht beantwortet. Warum möchtest du gemeinsam mit ihm tauchen?«

Winthrop hielt die Arme um ihre Taille, doch er sah zu der acht Meilen entfernten Küste hinüber. Seine Stimme klang verwirrt. »Ich weiß nicht recht. Aber irgend etwas geschieht mit dem Wasser. Es . . . es fühlt sich nicht wie sonst an. Ich verstehe es nicht. Vielleicht lerne ich etwas, wenn ich morgen mit diesem Idioten tauche.«

In gewisser Beziehung verstand Gail ihn so gut wie sich selbst. Sie kannte seine Ansicht über Menschen und Ereignisse, sie teilte seine Liebe für das Wasser, und sie hatte Verständnis für seine Stimmungen. Ein Fremder mochte Hugh Winthrop für einen verantwortungslosen Playboy halten, der sich mit einer Familie oder einer ernsthaften Arbeit nicht belasten wollte. Ohne die geringsten Gewissensbisse nahm er das Einkommen aus dem beträchtlichen Treuhandvermögen an, das sein Vater ihm hinterlassen hatte. Er benutzte es, um genau das zu tun, was er wollte, spielte Tennis und Golf, lief Ski und tauchte. Eigentlich verstand Gail ihn doch nicht.

Sie aßen an Bord. Gail zog einen roten Rock und eine weiße Bluse an, und sie gingen die eine Meile zum Laboratorium zu Fuß.

Loudermilch begrüßte sie fröhlich. Brooks, der im Nebenzimmer mit der Überprüfung seiner Instrumente beschäftigt war, brummte nur »Hallo« und fuhr mit seiner Arbeit fort.

»Ist Ihr Viskosimeter in Ordnung?« fragte Winthrop ihn.

»Scheint so.«

»Um was handelt es sich genau bei Ihren Messungen?«

»Ziemlich komplizierte Sache. Ich glaube nicht, daß Sie es verstehen werden.«

»Versuchen Sie es mal.«

»Nun«, begann Brooks und nahm unbewußt einen Ton an, als halte er eine Vorlesung, »wir versuchen, die Bedingungen festzustellen, unter denen ein Korallenriff wächst. Soll die Menschheit als Rasse fortbestehen, müssen neue Nahrungsquellen gefunden werden. Wenn wir also lernen können, Korallenriffe in Gebieten wachsen zu lassen, wo es heute keine gibt, werden wir imstande sein, neue Nahrungsquellen zu erschließen. Die Korallen« – er nahm ein Stückchen auf – »die neunzig Prozent eines Riffs ausmachen, bestehen aus Kalziumkarbonat sowie geringen Mengen Magnesiumkarbonat und Kalziumphosphat und einigen anderen anorganischen Salzen. Unsere Ansicht ist, daß die Erforschung des Kalzium-Ions uns zum Verständnis dafür führen wird, wie ein Korallenriff wächst. Können Sie mir folgen?«

»Ich denke schon. Führen Sie Messungen der Kalzium-Ione sowohl in organischen als auch in anorganischen Verbindungen durch?«

Brooks sah ihn überrascht an. »Ja.«

»Da Sie letzten Endes an der Nahrungsmittelproduktion interessiert sind, möchte ich annehmen, daß Sie auch dem Nitrogen nachgehen müssen. Haben Sie den Artikel von Goering und Dugdale über die Umwandlung von Nitraten in Nitrogen im Meerwasser gelesen? Das geht in der verkehrten Richtung, nicht wahr?«

Zufällig war Brooks der Artikel wohlbekannt. Es erstaunte ihn nur, daß Winthrop davon wußte. Aber er konnte sich nicht dazu überwinden, Fragen zu stellen oder Winthrop ein Kompliment auszusprechen. Ihm war, als würde es seine eigenen Kenntnisse irgendwie herabsetzen, wenn er sich Überraschung oder Freude anmerken ließ.

Er sagte nichts als: »Ja, um die Umwandlung von Nitraten im Meerwasser kümmern wir uns auch.«

»Wäre es Ihnen recht, wenn ich bei Ihrem Projekt das Fotografieren übernähme?«

Brooks zögerte. Gail warf ein: »Er ist gut, wissen Sie. Ganz professionell.«

»Wenn Sie sich nach meinen Anweisungen richten –« brummte Brooks. »Wir brauchen eine Dokumentation unserer Untersuchungen, keine Glamour Bilder.« Dabei sah er bedeutungsvoll Gail an.

»Das geht in Ordnung. Sie sind der Boß«, antwortete Winthrop friedfertig. Und das war genau das, was Brooks hatte hören wollen. Er taute sichtlich auf und begann, über seine Instrumente zu sprechen. Loudermilch, der sich ihnen beigesellt hatte, um notfalls Brooks' Unliebenswürdigkeit ausgleichen zu können, stellte fest, daß ihm keine andere Aufgabe blieb, als zuzuhören und Bier zu trinken. Eine halbe Stunde später bemerkte

Winthrop, da sie alle morgen früh aufstehen wollten, sei es besser, jetzt zu Bett zu gehen. Er und Gail wanderten zur Donado zurück.

Der Morgen war ruhig und warm.

Als Loudermilch und Brooks an Bord der Donado kamen, waren Winthrop und Gail schon lange aufgestanden. Diesel- und Wassertanks waren voll, es war eine Menge Eis, Nahrungsmittel und Heineken-Bier vorhanden. Sobald die ganze Ausrüstung an Bord gebracht worden war, verteilte Gail Tassen mit dampfend heißem Kaffee. Loudermilch trank seinen im Stehen und erklärte: »So stelle ich mir eine wissenschaftliche Expedition vor. Warum kann es nicht immer so sein?« Dann setzte er sich in das Cockpit.

Eine Stunde später waren sie an der Boje, die die Lage der Unterwasser-Instrumente markierte.

Als Gail begann, ihre Taucherausrüstung anzulegen, fragte Brooks: »Wollen Sie mit?«

Sie sah ihn überrascht an. »Natürlich. Gibt es einen Grund, daß ich nicht mit sollte?«

»Eigentlich nicht«, räumte er widerwillig ein. Er warf Winthrop einen Blick zu, doch der achtete nicht darauf.

Die Sonne stand zwei Hände breit über dem Horizont, als sie fertig waren. Winthrop sagte: »Geht ihr beiden zuerst, bitte. Ich möchte etwas beobachten, wenn ihr ins Wasser taucht.«

Brooks trat an den Schandeckel und winkte Loudermilch zu, der sich mit seiner Angel beschäftigte. Brooks plumpste mit den Füßen zuerst ins Wasser, während Winthrop ihm zusah. Gail folgte. Winthrop starrte gedankenvoll auf das Wasser, bis Loudermilch fragte: »Was ist los?«

»Ich weiß es nicht.« Damit sprang auch er hinein.

Auf dem Grund angelangt, wandte Brooks sich zurück, um zu sehen, ob die beiden anderen bei ihm waren. Sie gaben das »Okay«-Signal. Er schwamm zu der ersten Unterwasserboje und zog sein Viskosimeter heraus. Die Meßergebnisse waren viel zu hoch. Verärgert notierte er sie auf seiner Tafel, las die

Temperatur ab, entnahm eine Probe und machte sich zur nächsten Boje auf.

An sämtlichen Bojen bis auf eine war die Viskosität des Wassers zu hoch, um gemessen zu werden, und an die letzte Boje gelangten sie nicht mehr, weil Brooks die Luft ausging. Im Gegensatz zu ihm schwammen Winthrop und Gail so mühelos, daß ihre Preßluftflaschen für zwei Stunden reichen konnten. Doch tauchten sie jetzt alle auf und kehrten zur Donado zurück.

»Was, zum Teufel, ist da nur los?« fragte Brooks.

Winthrop zog seine Maske übers Gesicht und sagte, hauptsächlich zu Gail: »Beobachte einmal, wie ich ins Wasser tauche. Du wirst einen Unterschied feststellen.«

Auch Loudermilch kam, um ihm zuzusehen. Die Spritzer, die Winthrop verursachte, waren ganz anders als normale Spritzer. Sie waren dick und niedrig, und es formten sich keine kleinen Tropfen. Es sah aus, als sei Winthrop in einen sirupgefüllten Teich gesprungen. Loudermilch sah die anderen an. »Was ist geschehen? Das Wasser ist anders.«

Winthrop kam an Deck. »Habt ihr es gesehen?« fragte er.

Brooks nickte. Gail wollte wissen: »Wodurch wird das verursacht, Hugh?«

Winthrop schlüpfte aus seiner Taucherausrüstung. »Ich weiß es nicht, aber die Viskosität des Wasser hier draußen hat zugenommen. Es ist, als habe jemand ein Verdickungsmittel hinzugefügt.«

In dem nun folgenden Schweigen kamen Brooks und Loudermilch auf denselben Gedanken. Sie blickten sich an und sagten gleichzeitig: »Die Yudkin-Wolke.«

»Was? Welche Wolke?« fragte Winthrop. »Ach, das Ding, das die Erde vor ein paar Wochen passiert hat? Glauben Sie, wir könnten . . .« Er verstummte. Alle starrten sie ins Wasser. Winthrop stieg noch einmal die Strickleiter hinunter, fuhr mit der Hand ins Wasser, rieb es zwischen den Fingern, warf einige Händevoll vom Schiff weg und beobachtete die Spritzer. Die anderen sahen ihm schweigend zu. Winthrop kam wieder an Bord und meinte nachdenklich: »Lassen Sie uns hier draußen kreuzen und sehen, ob überall das Wasser dicker geworden ist.«

Brooks hatte es die Sprache verschlagen. Loudermilch meinte: »Sie haben doch ein Radio an Bord, nicht wahr? Stellen Sie es an. Wir wollen hören, ob man das auch schon anderswo entdeckt hat.«

Gail versuchte es mit verschiedenen Sendern und fand einen, der gerade Nachrichten brachte. Über dickflüssiger gewordenes Wasser wurde nichts erwähnt.

Winthrop ließ die Maschine an, und Gail ging zum Bug. Sie lichteten den Anker und fuhren über das südwestliche Riff hinaus in tieferes Wasser.

Winthrop übergab Gail die Ruderpinne. Er band ein Tau an einen Rettungsring, warf ihn über Bord und ließ ihn zwanzig Fuß hinter dem Boot herschwimmen. Man konnte sehen, daß das Wasser dick und schwer war.

Brooks erkundigte sich: »Können wir unser Laboratorium nicht über Funk erreichen und fragen, ob sie dort etwas gehört haben?«

»Schon«, antwortete Winthrop. »Aber dann kann jeder, der ein Funkgerät hat, mithören. Wollen wir, daß jetzt schon alle Welt davon erfährt?«

Loudermilch zupfte sich an der Lippe. »Besser nicht. Zuerst müssen wir weitere Informationen sammeln. Stellen Sie eine Verbindung mit unseren Leuten in New York her. Ich werde bald herausfinden, ob sich etwas tut.«

Gail ging mit Loudermilch nach unten.

Die Donado pflügte durch eine See, die wie dicke Suppe war. Die Sonne näherte sich dem Zenith. Eine Brise kam auf. Sie konnten den Wind im Gesicht fühlen, aber das Meer blieb glatt und ölig. Die Spur hinter dem Rettungsring schien sogar noch dicker zu werden.

Gail und Loudermilch kamen wieder an Deck, und Loudermilch berichtete: »Sie wußten von nichts. Ich habe meine Fragen sehr vorsichtig formuliert, aber Old Jonsey ist ein schlauer

Fuchs. Er weiß jetzt, daß sich hier unten etwas zusammenbraut. Wie ist das Wasser?«

»Dicker«, antwortete Brooks mit schriller Stimme.

Es überraschte die anderen, daß er einer Panik nahe war. Brooks merkte, daß alle ihn ansahen. Er erklärte: »Wissen Sie nicht, was das bedeutet? Unsere sämtlichen Untersuchungen sind ruiniert. Wir können nicht einmal von neuem beginnen. Wir wissen überhaupt nicht, woran wir sind.«

»Wenn die Wolke die Ursache ist«, warf Winthrop ein, »warum hat es dann sonst noch niemand bemerkt?« Er hob sein Gesicht in den auffrischenden Wind. »Ich nehme an, es wird nicht alles Wasser auf der Erde gleichzeitig beeinflußt werden. Vielleicht befinden wir uns zufällig an einer Stelle, wo das Phänomen zuerst auftritt.« Er sprach halblaut, mehr für sich, aber alle anderen nickten. Winthrop fuhr fort: »Hier am südwestlichen Riff ist es zuerst passiert. Vielleicht breitet es sich jetzt nach allen Richtungen aus.« Seine Stimme wurde lauter und entschlossener. »Lassen Sie uns umkehren. Wir können morgen wieder auslaufen und nachsehen, wie weit es sich ausgebreitet hat.« Er nahm die Ruderpinne und steuerte auf Coral Harbor zu. Stillschweigend holte Loudermilch eine Flasche Bier für jeden.

Eine halbe Stunde später schwamm eine Schule Tümmler langsam an ihrem Bug vorbei. Winthrop änderte den Kurs ein wenig und hielt sich parallel zu ihnen. Ein Tümmler trennte sich von den anderen und kam näher an die Donado heran. Er bewegte sich langsam, schüttelte den Kopf von einer Seite zur anderen und hielt an, als halte er nach etwas Ausschau. Winthrop beobachtete ihn einen Augenblick. Dann sagte er zu Gail: »Übernimm bitte für ein paar Minuten. Ich möchte ins Wasser und sehen, was er macht.«

Schnell legte er Maske, Flossen und Schnorchel an und trat an die Reling. Gail fragte: »Hugh, ist es nicht gefährlich, in dieses Wasser zu gehen?«

Er lächelte sie an, stieg über die Reling und tauchte in das klebrige Wasser. Er kam nicht gleich wieder hoch, und sogar die beiden Männer beugten sich besorgt über die Reling. Aber dann erkannten sie, daß er unter Wasser auf den Tümmler zuschwamm. Dieser beachtete ihn nicht.

Winthrop beobachtete, wie der Tümmler auf zwanzig Fuß Tiefe ging. Eine Schule grauer Schnapper schwärmte über den Grund. Sie ergriffen die Flucht, als der Tümmler auf sie hinabstieß, aber sie zerstreuten sich nicht mit der Geschwindigkeit, die Winthrop früher an ihnen bemerkt hatte. Sie kämpften in dem dicken Wasser und schlugen mehr mit den Flossen als normal. Auch der Tümmler hatte Schwierigkeiten, doch er kämpfte nicht gegen das Wasser, er ließ sich Zeit. Dann, dicht über dem Grund, begann er, sich mit seiner üblichen Schnelligkeit zu bewegen. Winthrop holte tief Luft und tauchte nach unten. Es gab keinen Zweifel daran, daß das Wasser unten flüssiger war als nahe der Oberfläche. Winthrop rieb dicht über dem Korallensand die Hände aneinander. Der Unterschied war bedeutend. Er schwamm nach oben und rieb wieder die Hände. Ja, das Wasser war hier dicker, schleimiger. Er kehrte zum Schiff zurück und sagte: »Wir wollen einlaufen.«

14. April

Gail lag auf einer Strohmatte und lauschte auf Hughs Stimme, der unter Deck in das Funkgerät sprach. Die Luft war angenehm warm, und in ihrer Stellung konnte sie das Meer nicht sehen, nur den Himmel, der sich beim Sonnenuntergang pfirsichfarben verfärbte. Sie wünschte, der ganze Himmel würde nicht jeden Abend rot oder pfirsichfarben oder zitronengelb werden. Hugh verstummte, und sie hörte die seltsamen Wellen gegen den Schiffsrumpf schlagen. Plötzlich erschauerte sie, setzte sich hoch und rieb ihre Arme. Dann stand sie auf, raffte Matte, Handtuch und Haarbürste zusammen und ging nach unten zu Hugh.

Er lächelte sie wortlos an. Sie ging an ihm vorbei in die Kombüse und kochte Kaffee. Als Hugh mit seinem Gespräch zu Ende war, brachte sie ein Tablett mit Tassen und Kaffee und stellte es innerhalb seiner Reichweite ab.

»Danke, Honey. Geh nicht weg. Jetzt haben wir es. Überall ist dasselbe Phänomen aufgetreten.«

»Carelli auch?«

»Ja. Ab Madagaskar ändert sich das Wasser genau wie hier. Er hat sich mit einem Freund im Mittelmeerraum in Verbindung gesetzt, und auch da ist es geschehen.« Er nahm einen Schluck Kaffee. Seine Augen ruhten auf Gail, aber im Augenblick sah er sie nicht. Endlich meinte er: »Wir wollen Loudermilch anrufen und hören, was er zu berichten hat.«

Gail nickte erleichtert. Sie waren jetzt drei Tage draußen, hatten die Inseln umfahren, das Wasser auf den Riffs beobachtet und dann das tiefere Wasser weiter draußen. Sie empfand ein Unbehagen, das sie früher auf dem Motorsegler nicht gekannt hatte. Es war das Geräusch der Wellen, die Art, wie die Fische Haien und Tümmlern kaum auswichen. Es war der Gedanke, daß der Golfstrom das dicke Wasser hinaustrug in den Atlantik, daß es das Meer überquerte, sich ausbreitete . . .

»Ich frage mich, was die Wissenschaftler tun«, sagte sie.

»Ich mich auch. Schade, daß sie plötzlich Bedenken bekamen, einen unbefugten Zivilisten bei sich aufzunehmen. Und dabei freundeten wir uns gerade an.« Gail schoß ihm einen belustigten Blick zu, und er grinste zurück. Hugh und Brooks konnten niemals Freunde werden. Hugh hatte über Sam Brooks das Schlimmste gesagt, was er über einen anderen Mann sagen konnte, nämlich, Brooks sei keiner, den man beim Tauchen dabeihaben wolle, wenn ein Notfall passiere. Brooks hatte davon erfahren und es übelgenommen.

Hugh stand auf und leerte seine Kaffeetasse. »Los. Loudermilch wird Bescheid wissen.«

Sie fuhren nach Coral Harbor zurück. Unterwegs rief Winthrop Loudermilch an.

»Ich habe ihn erreicht«, berichtete er Gail, die die Ruderpinne übernommen hatte. »Sie sind alle im Prince George. Er schlug vor, wir sollten uns bei Sloppy Joe treffen. Er wird einen Tisch reservieren lassen, kann aber nur seine eigene Anwesenheit garantieren. Anscheinend sind unsere Wissenschaftler in der vergangenen Woche besonders beschäftigt gewesen.«

»Verständlich«, murmelte Gail. Hugh legte einen Arm um sie, und so standen sie schweigend nebeneinander, bis Coral Harbor in Sicht kam.

Als sie an Land gingen, trug Gail ein blaßgrünes, seidenes Kleid, und mit ihrem schimmernden Haar und der goldenen Haut sah sie bezaubernd aus. »Ich sollte dich öfters herzeigen«, bemerkte Hugh. Gail lächelte bloß. Er erwiderte ihr Lächeln und war sehr froh, daß sie den Wunsch, das Festland zu besuchen, nicht öfter hatte als er selbst.

Mit einem Taxi fuhren sie zum Prince George. Beiden fiel auf, wie wenige Touristen auf den Straßen zu sehen waren. »Es hat angefangen«, stellte Hugh leise fest. »In vierzehn Tagen wird hier niemand mehr sein außer uns Eingeborenen und den Fischen.«

»Guten Abend«, grüßte Hugh den Portier. »Sieht bereits wie September aus.«

»'n Abend, Mr. Winthrop. 'n Abend, Miß. Ich wollte, es wäre September, Mann. Dann wüßten wir, daß es in ein paar Wochen Oktober sein wird. Aber so . . .« Er schüttelte den Kopf, und sie gingen an ihm vorbei ins Restaurant. Loudermilch saß hinten im Lokal und winkte ihnen zu. Es war weniger als die Hälfte der üblichen Anzahl von Gästen da. Die Lonely Islanders spielten Calypso-Musik.

»Miß Cooper, wie entzückend Sie aussehen!« Loudermilch küßte sie auf die Wange und schien davon ebenso überrascht zu sein wie sie. Er schüttelte Hugh die Hand und führte die beiden an seinen Tisch, an dem fünf Personen Platz hatten. »Sam Brooks und Kramer werden kommen, wenn sie mit der Arbeit im Laboratorium fertig werden«, erklärte er. »Was möchten Sie trinken?«

Sie bestellten und hörten der Musik zu, und als sie an ihren Gläsern genippt hatten, beugte Loudermilch sich vor. Sein Gesicht war sehr ernst. »Sie wollen wissen, was vorgeht. Stimmt's?«

Winthrop nickte, und Loudermilch fuhr fort: »Ich weiß es nicht. Das Forschungsteam ist zurückgerufen worden, und sie bauen gerade ihre Laboreinrichtung ab, nehme ich an.« Erneut erhob er sich und wies auf die Tür. »Da kommen sie. Lassen Sie es sich von ihnen erzählen.«

Kramer und Brooks durchquerten den Raum. Brooks hatte ein häßlich verzerrtes Gesicht, als hätten die beiden einen Streit gehabt, bei dem er den kürzeren gezogen hatte. Er nickte Gail und Winthrop wortlos zu und ergriff die Speisekarte. Kramer reichte Winthrop die Hand, verbeugte sich leicht vor Gail und ließ sich mit einem müden Seufzer nieder.

»Ich möchte zwei Martinis on the rocks, ohne Wermut. Schnell«, sagte Kramer. Loudermilch winkte den Kellner zurück und gab die Bestellung auf.

»Scotch und Wasser«, grunzte Brooks, ohne von der Speisekarte aufzusehen.

»Ärger?« erkundigte sich Loudermilch.

»Wir haben darum gebeten, daß einer aus unserem Team hierbleiben darf, um so gut wie möglich weiterzumachen. Das ist abgelehnt worden«, erklärte Kramer, nachdem er einen schnellen Blick auf Gail und Hugh geworfen hatte und offensichtlich zu dem Schluß gekommen war, daß es keine Rolle mehr spielte, wenn sie Bescheid wußten. »Es werden keine Mittel mehr zur Verfügung gestellt. Ich soll das hier eröffnete Konto auflösen, die Ausrüstung abbauen und einlagern und am achtzehnten aufbrechen. Am neunzehnten haben wir uns im Howe-Institut zurückzumelden. Diese neue Sache hat Vorrang vor allem anderen. Das ist auch ganz richtig.«

»Aber auf trockenem Land können sie das Phänomen nicht untersuchen«, bemerkte Brooks bitter. »Was sie möchten, ist, daß jemand ein Buch öffnet und ausruft: ›He, hier steht, was wir deswegen zu tun haben!‹ Und genau das wird nicht geschehen.«

»Ganz so ist es ja nun nicht«, begütigte Kramer. »Wir müssen unsere Anstrengungen verstärken, und das erfordert Planung. Zweifellos wird einer von uns zurückgeschickt werden.«

»Es wird keiner zurückgeschickt werden«, verkündete Brooks. »Es wird einer dableiben.« Der Kellner erschien mit ihren Drinks. Er sah Winthrop in der Erwartung einer Dinner-Bestellung an und ging, als niemand ihm Beachtung schenkte.

»Was soll das heißen?« fragte Kramer.

»Es heißt, daß ich kündige.« Brooks nahm einen großen Schluck von seinem Scotch mit Wasser. Mit einer Grimasse stellte er das Glas wieder hin und schob es von sich weg.

»Sie können doch nicht einfach kündigen und hierbleiben. Was soll dabei herauskommen?«

»Ich kann nicht einfach kündigen und nach Hause gehen«, gab Brooks zurück. Er beugte sich gegen Kramer vor und beschwor ihn: »Stan, sehen Sie nicht ein, wie wichtig es ist, daß wenigstens einer von uns hierbleibt? Hier hat alles angefangen, hier hat man es zuerst bemerkt und darüber berichtet.«

»Ich sehe es ein«, gab Kramer nach einem Augenblick zu. »Aber jetzt sagen Sie mir, wie Sie ohne Ausrüstung und Geldmittel zurechtkommen wollen.«

»Das weiß ich nicht. Ich kann ein Ruderboot mieten oder ein Fischerboot oder so etwas, und ich kann tauchen und meine Augen offenhalten. Ich gebe Ihnen Bescheid, wenn sich wieder etwas ändert.«

Kramer starrte ihn hilflos an. Dann leerte er sein Martini-Glas in einem Zug. »Wir wollen im Augenblick nicht mehr daran denken und lieber unser Dinner bestellen«, meinte er. »Ihre Kündigung nehme ich heute abend sowieso nicht an.«

Brooks setzte zu einer Erwiderung an, aber Winthrop sprach zuerst. »Lassen Sie uns eine Minute darüber nachdenken, Stan. Wieviel an Ausrüstungsgegenständen müssen Sie einlagern? Und haben Sie schon einen Raum dafür? Zufällig besitze ich einen kleinen Schuppen, der zur Zeit nicht gebraucht wird. Und ich habe ein Boot, das, wie Sie wissen, zum Tauchen eingerichtet ist. Können Sie Sam nicht einfach beurlauben?«

Gail warf Hugh einen schnellen Blick zu, aber sein Gesicht verriet ihr nichts. Sie sah Sam Brooks an. Seine Augen flackerten. Kramer sah von einem zum anderen und zuckte die Schultern. »Ich bin am Verhungern, und ihr beide wollt reden, reden, reden. Ich habe nichts dagegen, wenn Sie hierbleiben Sam. Ich werde die Sache regeln. Wenn die Direktoren Schwierigkeiten machen, müssen wir es als Urlaub deklarieren, aber ich werde mir Mühe geben, daß Sie den dienstlichen Auftrag bekommen, die Stellung hier zu halten. Und können wir jetzt bitte etwas zu essen bestellen?«

Während des Essens erzählte Hugh von der Kreuzfahrt, die er und Gail zwischen den Inseln gemacht hatten, und von seinen Funkkontakten mit Freunden in aller Welt. »Im Augenblick«, schloß er, »scheint es hauptsächlich in warmen Gewässern aufzutreten, bei diesen jedoch in allen.«

Loudermilch nickte mit nachdenklichem Gesicht vor sich hin. Er blieb für den Rest des Abends schweigsam. Brooks und Winthrop sprachen über den Transport der Laborausrüstung und ihre Tauchvorhaben. Kramer tat, als wisse er nicht, daß die Gegenstände weiterbenutzt werden würden.

Sobald sie mit dem Essen fertig waren, verabschiedete Kramer sich. Auch Loudermilch stand auf. Er reichte Winthrop die Hand. »Leider muß ich Ihnen Lebewohl sagen, Hugh. Es war mir ein Vergnügen. Ich werde über Funk mit Ihnen in Verbindung bleiben . . .«

»Wollen Sie auch abreisen?« fragte Gail. »Ich wünschte, Sie täten es nicht.«

Er lächelte auf sie herab. »Ich würde gern hierbleiben. Aber ich habe jetzt eine Story, und obwohl ich Sam zustimme, daß hier der Ort ist, wo alles angefangen hat, ist es doch nicht der Ort, wo in den kommenden Tagen und Wochen die Entscheidungen gefällt werden. Und dorthin gehöre ich nun. Doch es tut mir leid, daß ich weg muß, und ich werde zurückkommen.« Er wandte sich an Hugh. »Ihre Rufnummer habe ich ja. Ich werde brieflich mit Ihnen in Verbindung bleiben, bis . . . Jedenfalls werde ich in Verbindung bleiben. Ich möchte erfahren, was Sie hier tun.« Er drückte Gail die Hand, verabschiedete sich ebenso herzlich von Brooks und war verschwunden.

»Hugh«, fragte Gail, »glaubst du, daß Einrichtungen wie die Post zusammenbrechen werden, weil . . . weil . . .?«

Hugh seufzte und bedeckte ihre Hand mit der seinen. »Ich glaube, daß sehr bald vieles zusammenbrechen wird, wenn sich das weiter ausbreitet und schlimmer wird.«

Gail ergriff ihre Kaffeetasse und stellte sie wieder hin, ohne getrunken zu haben. Der Kaffee war ihr auf einmal dick und klebrig vorgekommen.

Am nächsten Tag befand sich Carl Loudermilch unter den Reportern, die sich zu einer Pressekonferenz im Wood's Hole Oceanographic Institute versammelt hatten. Lawrence Buchanan, der Direktor, las monoton eine gedruckte Erklärung ab, die später verteilt werden sollte. Nichts war darin enthalten, was nicht bereits bekannt war. Eine Substanz war auf die Erde gefallen und hatte eine geringfügige Verdickung des Wassers hervorgerufen. Es werde angenommen, daß der Effekt mit der Zeit wieder verschwinden werde. Die Yudkin-Wolke liege seit langer Zeit hinter der Erde, und das bißchen Staub, das sich noch in der oberen Atmosphäre befand, sei zu wenig, um den festgestellten Effekt verstärken zu können. Loudermilch hörte zu, während andere Reporter Fragen stellten.

Frage: Sind schon Fische gefunden worden, die an dem Zeug gestorben sind?

Antwort: Davon habe ich noch nichts gehört.

Frage: Werden Schiffe dadurch behindert? Können sie mit der üblichen Geschwindigkeit fahren?

Antwort: Selbstverständlich. Es handelt sich um einen kaum merklichen Effekt, meine Herren.

Frage: Ist es wahr, daß aus allen Gegenden der Welt darüber berichtet worden ist?

Antwort: Das möchte ich nicht sagen. Nein, ich glaube nicht, daß dem so ist.

Frage: Kommt es auch in Süßwasser vor?

Antwort: Nein, die Substanz scheint nur auf Salzwasser zu reagieren . . .

Loudermilch ging mit den anderen. Seine Bitte um ein privates Interview war abgelehnt worden, und es schien bei dieser Haltung des Instituts zwecklos zu sein, Fragen zu stellen. Am späten Nachmittag saß er im Gesundheitsministerium im Büro von Manfried Friedman, einem alten Freund, der persönlicher Referent des Ministers war.

»Was ist das, Manny? Ich habe gerade eine halbe Stunde bei unserm Freund Buchanan verbracht, der nichts sagen will. Sprich.«

Manny schüttelte den Kopf. »Noch nicht zur Veröffentlichung bestimmt, Carl. Es gibt noch zu viele ungelöste Fragen.«

Loudermilch hielt eine Hand mit ausgespreizten Fingern hoch und knickte einen nach dem anderen um, während er aufzählte: »Erstens, es kann für Menschen gefährlich werden. Zweitens, es vermischt sich leicht mit Süßwasser. Drittens, im Augenblick zeigt sich noch keine besondere Wirkung auf die Fische, aber das wird bald kommen, und sie werden sterben, wenn das Wasser so dick wird, daß sie nicht mehr darin schwimmen können. Viertens, überall da, wo man es festgestellt hat, breitet es sich aus und wird immer dicker. Fünftens, die obere Atmosphäre ist immer noch voll von dem Zeug.« Er sah auf seine Hand und schien überrascht zu sein, nicht mehr Finger zu finden. Er hob die andere Hand, aber Manny unterbrach ihn.

»Hör auf Carl. Auch wenn du das eine oder andere schon weißt, kann ich dir keine Informationen geben.«

Loudermilch, der bis jetzt gestanden hatte, setzte sich vor den Schreibtisch. »Ich bleibe hier, bis du mit mir gesprochen hast.«

Manny wußte, Carl würde nichts veröffentlichen, wenn er ihn darum bat. »Okay. Aber halte vorläufig dicht. Ich sage dir, wann du darüber schreiben darfst.«

Loudermilch nickte. Aber Manny zögerte immer noch. Er sah Loudermilch argwöhnisch an. »Du scheinst über meine Bereitwilligkeit gar nicht erstaunt zu sein. Warum?«

»Als du dich bereit erklärtest, mich zu empfangen, wußte ich, daß du das Bedürfnis hattest, mit jemandem zu sprechen.«

»Ja-a. Das ist, weiß Gott, die Wahrheit. Wir haben den Staub im vergangenen Monat als Polyäthylenoxid identifiziert, ein stabiles Polymer mit sich wiederholenden CH_2Ch_2O-Einheiten. Man kann es auch Polyoxidäthylen nennen. Da haben wir also ein stabiles, dünnes Gel, das sich überall da im Wasser bildet, wo der Staub hinfällt.«

»Wie stabil ist es?«

Manny verzog bitter die Mundwinkel. »Sehr stabil. Bei Laboratoriumsversuchen hat sich herausgestellt, daß die Lösung gegen Laugen und was sich sonst im Meerwasser findet, sehr widerstandsfähig ist.« Er sah sich hilflos um, als suche er etwas, um diesen Punkt zu demonstrieren. »Durch Destillation kann man den Anteil verringern, aber es rutscht immer etwas durch, so daß man es nie ganz herausbekommt. Übrigens handelt es sich dabei um eine kolloidale Suspension, nicht eine richtige Lösung.«

»Welche Viskosität haben wir zu erwarten?« fragte Loudermilch nach einem Augenblick des Nachdenkens.

»Eine hohe. Eine sehr hohe«, antwortete Manny tonlos.

»Wie groß muß der Anteil von dem Zeug sein, um Wasser auf – sagen wir, die Konsistenz von leichtem Öl zu verdicken?«

Manny dachte nach. »Bis jetzt hat man eine untere Grenze, von wo ab es wirkungslos bleibt, noch nicht festgestellt. Es sieht so aus, als ob jede Menge das Wasser in gewissem Maße verdickt. Eine Lösung von 0,005 Prozent ergibt eine in Zentipoise gemessene Viskosität von sechzehntausend. Aber das Molekulargewicht des Staubs ist höher, als es nach unseren Untersuchungen sein dürfte. Es liegt bei etwa zwanzig Millionen. Und da ist noch etwas. Es gibt eine Seitenkette, die noch nicht identifiziert worden ist. Wenn wir versuchen, sie zu prüfen, zerfällt sie zu Dioxid und Ammoniak.«

Loudermilch wartete. Als Manny jedoch nichts weiter sagte, drängte er: »Und das Wichtigste von allem, Manny? Die Sache, weswegen du bereit warst, mit mir zu sprechen?«

»Du hättest ein gottverdammter Psychiater werden sollen. Ja, da ist noch mehr. Das Polyäthylenoxid-Polymer durchdringt zusammen mit Flüssigkeiten wie Lymphe oder Drüsensekreten undurchlässige Membranen . . .« Er lehnte sich in seinem Stuhl zurück und sagte sehr leise: »Und das ist jetzt wirklich alles, Carl. Komm, betrinken wir uns.«

Loudermilch sah auf das Fenster hinter Manny, und auch dieser drehte sich um. Es regnete, und die Tropfen, die von dem Sims über dem Fenster fielen, klumpten sich zu transparenten, gallerteartigen Kugeln zusammen. Loudermilch richtete den Blick auf den Notizblock, auf den er den Namen für das Zeug geschrieben hatte: Polyoxidäthylen. Er notierte dahinter: PON-Gallerte.

Sie gingen nicht aus, um sich zu betrinken. Statt dessen sprachen sie ruhig mehrere Stunden miteinander. Dann und wann schwiegen sie und beobachteten den neuen Regen, der auf die Erde fiel.

28. April

Sam Brooks sezierte einen Fisch in dem improvisierten Laboratorium, das er sich in der Kombüse der Donado eingerichtet hatte. Er fühlte sich gereizt, weil Hugh Winthrop, während er selbst schwer arbeitete, mit einem Bier müßig auf dem Deck saß. Dabei wußte er genau, daß Winthrop am Abend, sobald die Kombüse frei war, seine Filme entwickeln mußte. Brooks legte die inneren Organe des Fisches in Formalin, um sie später zu untersuchen. Sobald er wieder im Laboratorium in Coral Harbor war, würde er mehrere Tage zu tun haben. Inzwischen stellte er flüchtige Untersuchungen auf irgendwelche neuen Anomalien an. Er bereitete einen Objektträger mit Fischblut vor.

»Haben Sie etwas entdeckt?« fragte Winthrop plötzlich neben ihm, und Brooks fuhr zusammen.

»Ich weiß es noch nicht. Das Blut könnte ein bißchen dicker geworden sein, glaube ich.«

»Wieviel wollen Sie wetten, daß es dicker geworden ist?«

Brooks warf ihm einen ärgerlichen Blick zu. »Es genügt nicht, daß ich glaube, es sei dicker geworden, Hugh. Ich muß es wissen, und das kann ich erst, wenn ich die erforderlichen Tests gemacht habe.«

»Ich weiß es auch ohne Tests«, entgegnete Winthrop. »Und ich weiß außerdem, wie dick das Blut der Fische noch werden wird. So dick wie das Wasser, in dem sie sich befinden.«

Brooks zuckte die Schultern und arbeitete weiter.

»Ich fahre heute abend zurück«, erklärte Winthrop. »Haben Sie noch etwas unter Wasser, das eingesammelt werden muß?«

»Wir wollten aber erst morgen abend zurückfahren.« Brooks merkte selbst, wie mürrisch seine Stimme klang, und erneut wallte der Ärger auf Winthrop in ihm auf. Er fragte: »Langweilt die wissenschaftliche Methode Sie bereits?«

»Danebengeschossen. Werfen Sie mal einen Blick auf das Meer. Fühlen Sie die Luft und den Wind . . .«

»Es weht kein Lüftchen.«

»Ja, und gerade das ist verkehrt. Das Meer sieht aus wie auf einer Ansichtspostkarte, und auch das ist verkehrt. Es riecht nach einem Hurrikan oder einem gewaltigen Sturm – ganz verkehrt für den April.«

»Um Himmels willen«, rief Brooks aus, »sind Sie jetzt auch der Wetterprophet? Noch gestern abend wurde keine Sturmwarnung gegeben.«

»Ich weiß. Gail fragt gerade nach. Zurückfahren tun wir auf jeden Fall.«

Brooks starrte in sein Mikroskop, ohne etwas zu erkennen. »Sie sind der Kapitän«, erklärte er mit mühsam beherrschter Stimme. »Es ist Ihr Schiff.«

»So ist es«, bemerkte Winthrop vergnügt. Brooks hörte, daß er sich entfernte. Er faßte den Entschluß, sich von Winthrop und seiner Freundin zu trennen.

Als sie in Coral Harbor anlegten, herrschte immer noch die unheildrohende Stille. Die Insel schien in der Hitze zu zerschmelzen. An der Pier stand Hughs Mietwagen. Sie machten sich daran, ihn zu beladen.

Gail, die sie vom Deck der Donado aus beobachtete, erschauerte. Hugh würde mit Sam fahren müssen. Sie konnten die ganze Arbeit und die Ausrüstung keiner Gefahr aussetzen. Zehn Meilen quer über die Insel, zehn Meilen zurück, eine halbe Stunde, um die Sachen zu entladen und ins Laboratorium zu bringen . . . Die nächste Stunde würde sie auf der Donado allein sein. Sie wandte sich dem Meer zu. Noch rührte sich nichts. Der Sturm hielt im Augenblick den Atem an.

»Gail, möchtest du lieber mitkommen?« fragte Hugh. Beide wußten, daß das eine rhetorische Frage war. Der Wagen war so voll, daß keine weitere Person mehr Platz hatte. Sie schüttelte den Kopf und lächelte. Hugh küßte sie schnell und rannte davon, und sie fragte sich, ob es ihm gelingen würde, vor Ausbruch des Sturms zurück zu sein.

In dem dahinrasenden Wagen bemerkte Sam Brooks voller Bitterkeit: »Sie hätten an Bord bleiben sollen.«

»Das weiß ich«, antwortete Hugh.

Brooks dachte gereizt darüber nach, ob er, verdammt noch mal, seit der ersten Begegnung mit Hugh Winthrop schon einmal etwas richtig gemacht habe. Die Antwort war nein. Sobald der Wagen hielt, sprang er hinaus und lief mit dem Schlüssel in der Hand auf die Hütte zu. Er stellte die Tür auf und kehrte zum Wagen zurück, wo Winthrop schon den Kofferraum geöffnet hatte und eines der zugedeckten Fässer auslud. Es war naß und roch nach der See. Brooks wollte sagen, daß die Untersuchungsexemplare wahrscheinlich auf der rasenden Fahrt zu Tode geschüttelt worden waren, aber er hielt doch lieber den Mund und beugte sich vor, um das zweite Faß herauszuwuchten. Als er sich aufrichtete, traf ihn etwas im Gesicht, und einen

Augenblick lang dachte er, Winthrop habe nach ihm geworfen. Dann merkte er, daß es Hagelkörner waren, die der Wind gegen sein Gesicht und seine Brust trieb. Winthrop setzte das letzte Faß auf den Boden und begann, die Rücksitze leerzuräumen. Brooks öffnete die andere Tür. Als sie mit dem Entladen fertig waren, hatte sich die Windgeschwindigkeit erhöht, die Hagelkörner waren größer geworden und rissen die Haut auf. Winthrop knallte die Tür zu, rannte um den Wagen und warf sich auf den Fahrersitz. Erst als das Aufheulen des Motors die Geräusche des Hagelschauers übertönte, kam es Brooks zum Bewußtsein, daß Winthrop zum Hafen zurückfuhr. Der Hagel war so dick, daß der Wagen nach fünfzig Meter außer Sicht war.

Aus dem Nichts tauchte eine schmale Gestalt und das grinsende Gesicht von Tommy Alton auf. Er war der Sohn eines britischen Verlegers, der hier seinen Ruhesitz hatte.

»Brauchen Sie Hilfe, Sir?« fragte Tommy.

Von weit her drang schwach das Quietschen von Reifen, und plötzlich fragte Brooks: »Tommy, kann ich deinen Wagen geliehen haben?«

Tommy zögerte. Seine Stirn legte sich in besorgte Falten.

»Wenn ich ihn beschädige, kaufe ich dir einen neuen«, versprach Brooks tollkühn. »Ich muß Mr. Winthrop helfen, sein Schiff von der Anlegestelle wegzubekommen.«

Tommys Antwort verwehte der Wind, aber er streckte Brooks seine Schlüssel hin und macht ihm pantomimisch klar, daß er die Fracht in die Hütte tragen werde. Brooks rannte über den Hof auf Tommys alten Ford zu, und wenige Augenblicke später fuhr er Winthrop nach.

Der Sturm schleuderte den Wagen hin und her, und die aufgehäuften Hagelkörner ließen ihn gefährlich rutschen. Einmal wäre Brooks beinahe in ein Schaufenster gefahren. Er bekam den Wagen wieder unter Kontrolle und raste weiter, ohne die Geschwindigkeit herabzusetzen. Der Sturm trieb die Hagelkörner so gegen die Windschutzscheibe, daß er die Straße streckenweise überhaupt nicht sehen konnte. Endlich erreichte er den Hafen. Hier wurden die Hagelkörner beinahe waagerecht dahingetrieben. Die Boote stießen ächzend gegeneinander und an die Pier, daß es krachte. Wogen überfluteten die Anlegestelle. Der Lärm war ohrenbetäubend. Stolpernd und ausrutschend lief Brooks auf die Donado zu. Er war gar nicht auf den Gedanken gekommen, daß das Boot bereits abgelegt haben könne. Er war einfach zurückgefahren, und da war es. Ein paar schlimme Minuten vergingen, bevor es ihm gelang, an Bord zu kommen. Das Boot stieg und fiel, schwang herum und krachte gegen die daneben liegende Jacht.

Winthrop warf Brooks eine Schwimmweste zu. Er wollte sie auf die Seite werfen. Schließlich konnte er sich nicht wie einen Touristen behandeln lassen. Doch dann sah er, daß auch Gail eine Schwimmweste trug und Winthrop eine dritte über dem Arm hatte. Es wurde ihm klar, daß sie die Donado verlieren könnten. Einen Arm um die Reling geschlungen, zog er die Schwimmweste hastig über und band sie zu. Gail und Winthrop verschwendeten keine Zeit. Sie arbeiteten, ohne sich durch ein Wort oder auch nur einen Blick zu verständigen. Sie bekamen die Leinen los und starteten den Motor. Brooks machte gar nicht erst den Versuch, ihnen zu helfen. Er wußte, daß er ihnen nur im Wege stehen würde. Aber er hielt sich in Gails Nähe, und einmal, als sie ausrutschte und über das Deck glitt, faßte er sie und richtete sie auf, ehe sie gegen die Reling stürzte. Als er sie losließ, fuhr sie mit ihrer Arbeit fort, ohne auch nur zu ihm zurückzublicken. Schlagartig wurde ihm bewußt, daß Gail der Grund war, aus dem er zurückgekehrt war. Sie liefen in den Wind, und Winthrop hielt die Donado für die nächsten sieben Stunden im Wind. Das Boot stieg und fiel und wurde mit einer Schicht von Hagelkörnern bedeckt, aber es hielt stand, bis der Sturm aufhörte. Der Hagelschauer versiegte, ohne erst zu Regen zu werden. In der einen Minute wurden sie noch bombardiert, und in der nächsten war nur noch das Heulen des wahnsinnigen Windes zu hören. Auch er setzte ebenso abrupt von einer Sekunde zur anderen aus. Der Himmel war immer noch bleiern, und die Wogen brauchten längere Zeit, um sich zu beruhigen, aber der Sturm war vorbei.

Sie standen alle drei an der Ruderpinne und sahen sich lange schweigend an. Winthrop streckte Sam Brooks die Hand entgegen, und Gail kam es vor, als drückten sie sich mindestens eine Minute lang die Hände. Danach küßte sie Brooks auf die Wange. »Danke«, sagte sie. Sie begann, vor Kälte zu zittern.

»Los, alles unter Deck«, kommandierte Hugh. »Kaffee und trockene Klamotten!« Er half Gail aus der Schwimmweste. Ihr Zittern wurde so stark, daß sie selbst keinen Knoten mehr lösen konnte. Sie war sehr blaß.

»Kümmern Sie sich um sie«, sagte Brooks. »Ich werde den Kaffee kochen.« Schnell zog er die Schwimmweste aus und machte sich pfeifend an die Arbeit. Seit langem hatte er sich nicht mehr so gut gefühlt.

Später inspizierten sie das Schiff und fanden da, wo die Hagelkörner geschmolzen waren, Spuren einer kristallinen Substanz, die wie pulverisiertes Glas aussah. Brooks sammelte etwas davon ein und warf es in ein Glas Wasser, das er leicht schüttelte. Das Wasser änderte sich beinahe sofort, und bald war es so dick, daß es sich nicht mehr gießen ließ, sondern sich wie leicht erhitzter Teer verhielt.

Gail starrte wie gebannt auf die Gallerte. »Wird noch mehr aus der Atmosphäre kommen? Wieviel können die Meere aufnehmen? Wieviel ist noch da oben?«

Winthrop zuckte die Schultern. Brooks antwortete ihr: »Die offiziellen Stellen geben ständig andere Informationen. Zuerst hieß es, wie Sie wissen, daß aller Schaden, der geschehen könne, bereits geschehen sei, und daß es keinen weiteren Staub mehr gebe. Jetzt sagen sie, es spiele keine Rolle, wieviel Staub vorhanden sei, weil er überhaupt keinen Schaden anrichte. Ich hoffe, sie sind da draußen, wenn der Sturm die Küste trifft. Ich hoffe, sie sehen, wieviel Staub noch da ist . . .«

Winthrop fiel ein: »Ich hoffe, es steht niemand auf einer hölzernen Pier, wenn der Sturm die Küste trifft. Bis jetzt hat man noch keine Erfahrungen mit dem verdickten Wasser, und es könnte für Überraschungen sorgen.«

Der Sturm bewegte sich mit einer Geschwindigkeit von achtzehn Meilen pro Stunde nach Westen. Die Wetterstationen verfolgten seine Spur und gaben jede halbe Stunde Nachrichten durch.

In Hommestead, Florida, traf der Sturm auf das Festland. Die Windgeschwindigkeit betrug fünfundvierzig Meilen pro Stunde, aber bergehohe Wellen straften die Windgeschwindigkeit Lügen. Die Wellen brachen sich nicht draußen an den Sandbänken. Sie wurden immer größer und breiter und schwerer und donnerten wie D-Züge auf das Land zu. Es gab keine Gischt, nur fest zusammengefügtes Wasser, das sich zehn Fuß, zwölf Fuß, fünfzehn Fuß hoch auftürmte. Und die Wasserberge wuchsen weiter. Sie begruben Schiffe unter sich, zerschmetterten die Kaianlagen. Der Hagel griff wie mit Maschinengewehrfeuer, die Wassergebilde wie mit Kanonen die Gebilde aus Menschenhand an. Das Meer überstieg die Dämme und raste durch die Straßen mit ihren verbarrikadierten Läden, Hotels und Wohnhäusern. Die Flut führte Autos mit sich, die sie gegen die Mauern schleuderte. Nicht gesicherte Fenster wurden von den Hagelkörnern zerschmettert. Hagelkörner sammelten sich auf den flachen Dächern der Häuser und begruben sie unter sich. Grünes Wasser strudelte an den Straßenecken, und wo es zwischen den Gebäuden gefangen wurde, wusch es den sandigen Untergrund aus, unterminierte Straßen und Häuser, und große Strecken der Straße sackten ab.

Als der Sturm vorbei war, zählte die Stadt ihre Toten und schätzte den Sachschaden ab, und die furchterregenden Nachrichten gingen um die ganze Welt. Hundertundzwanzig Menschenleben hatte der Sturm gefordert. Ein Drittel der Gebäude war zerstört. An der ganzen Küste von Florida bereitete man sich auf einen ähnlichen Schlag vor. Auf den Britischen Inseln entdeckten besorgte Meteorologen eine Bö, die sich zwar noch Hunderte von Meilen draußen auf See befand, aber ständig wejter nach Nordnordost vordrang. Die Böenlinie war siebenhundert Meilen lang. Sie enthielt Winde mit einer Stundengeschwindigkeit von fünfzig Meilen, Wogen von zwanzig Fuß Höhe. Die BBC gab in den Abendnachrichten bekannt: »Es steht zu befürchten, daß das Eintreffen des Sturms mit der Springflut zusammenfallen wird, was eine Überflutung des niedrig gelegenen Landes zur Folge haben würde. Die Regierung macht alle Anstrengungen, in größter Eile Sand in die gefährdeten Gebiete zu transportieren. Bitte bleiben Sie eingeschaltet und erwarten Sie weitere Informationen.«

Von der Normandie bis nach Bergen in Norwegen wurde die Küste von den Stürmen angegriffen. Der Ärmelkanal schwoll an und überflutete das Land zu beiden Seiten. Belgien, die Niederlande, Deutschland, England, Dänemark, alle litten unter dem Sturm, der eine Woche lang wütete. Die Kanalinseln wurden wiederholt überflutet, ebenso das Land um die Irische See und die Nordsee. Deiche und Dämme gaben nach. Das Wasser fegte über die Felder und füllte die Täler. Das Meer fraß Land so weit nach Süden bis Bayonne in Frankreich, und auf seinem Weg zerstörte es Bauernhöfe, Dörfer, Straßen. Dann war es vorbei, und eine weitere Woche lang blieb der Himmel grau und drohend. Dann und wann strömte Regen hernieder, aber der Sturm hatte sich gelegt, und langsam zog sich das Meer wieder zurück. Es ließ seine Spuren in Form einer pulverigen, kristallien Substanz zurück, die das verwüstete Land und die Gebäude bedeckte. Das Pulver und das Salz und der Schlamm und das Geröll der See bedeckten die Erde und die entwurzelten, gesplitterten, in Haufen daliegenden Bäume. Es bedeckte geschwollene Tierkadaver und manchmal auch menschliche Körper. Die Überlebenden, die das alles immer noch nicht glauben konnten, hörten im Radio von Stürmen, die die Erde von Ost nach West, von Nord nach Süd heimsuchten. Es gab kein Gebiet, in dem die Stürme nicht mit wütender Kraft, mit entsetzlichen Ergebnissen zuschlugen.

An Bord der Donado hörten sich Gail und Hugh die Radionachrichten an, während Sam Brooks ein Präparat unter dem Mikroskop studierte. Alle drei waren müde. Zweimal im Verlauf einer Woche hatten sie einen Sturm überstehen müssen, und vor ihren Augen wurde das Meer täglich dicker. Sie hatten mit angesehen, wie Schiffe kenterten und sanken. Manchmal waren dann noch Menschen von den Wellen umhergeschleudert worden, manchmal nicht.

Winthrop stellte das Radio ab, lehnte sich gegen die Reling und starrte über Gails Kopf auf das ölige Wasser. Es lag unbeweglich und grau unter einem grauen Himmel. Es sah undurchdringlich aus.

»Überall dasselbe«, meinte er. »Jede einzelne Landkarte wird neu gezeichnet werden müssen.«

Gail hatte die Karte in Erinnerung, über der sie in der letzten Nacht gesessen hatten, und die schwarzen Bleistiftmarkierungen, mit denen Hugh einzeichnete, welches Land die See sich geholt hatte. Hier fünfzig Fuß, da eine halbe Meile, anderswo zwei Meilen . . . Sie richtete ihren Blick auf New Providence, und die Insel war noch da, ein dunkler Fleck gegen das Grau von See und Himmel. »Die Inseln sind so unverändert, und doch sind die Küsten in der ganzen Welt so schwer betroffen«, stellte sie fest. »Man sollte meinen, die Inseln würden zuerst hinweggefegt werden.«

»Nein«, antwortete Hugh. »Das Meer reißt weichen Boden und Sand weg, aber nicht nackte Felsen.«

Einige Zeit später gesellte Brooks sich zu ihnen.

»Ungefähr das, was wir erwartet haben«, brummte er. »Unter Krabbengröße bewegt sich praktisch nichts mehr. Aber wahrscheinlich werden sich die Lebewesen mit der Zeit anpassen. Wenn ihnen die Zeit dazu gelassen wird. Vermehren tun sie sich immer noch.«

»Also sitzen sie jetzt in einer Tiefe von ungefähr fünfzehn Fuß fest«, überlegte Winthrop. »Sie steigen nicht mehr täglich auf und ab wie sonst. Diese kleinen Einzeller können sich nicht durch das dicke Wasser bewegen. Viele der Meeresbewohner werden ihre Gewohnheiten ändern müssen, wenn sie an ihr Futter gelangen wollen.«

Gail dachte an die endlose Nahrungskette, bei der jede Kreatur kleinere frißt und von größeren gefressen wird, und jede ist für das Fortbestehen des Lebens im Meer unentbehrlich. »Was, glaubst du, wird geschehen?« fragte sie.

»Wahrscheinlich wird eine Reihe von Fischarten aus den Tiefen heraufkommen müssen. Wir werden von jetzt an einige sehr seltsame Geschöpfe zu sehen bekommen.«

Brooks wartete, als aber Winthrop nichts weiter hinzufügte, ergänzte er: »Mehr als das, Gail. Das Steigen und Fallen des Niveaus der Kleinstlebewesen hat dazu beigetragen, Hitze zu verteilen, und damit wird es jetzt vorbei sein. Die oberen Wasserschichten werden heißer und die unteren kälter werden. Das wird wahrscheinlich wiederum Einfluß auf das Wetter haben. Mehr Wärme, mehr Feuchtigkeit, mehr Stürme, mehr Schnee in nördlichen Breitengraden, mehr Staub, der aus der Atmosphäre niederfällt.«

»Und das Wasser wird dicker und dicker werden«, fiel Gail ein. Sie stand auf. »Sind Sie in der Kombüse für den Augenblick fertig? Ich möchte gern das Essen machen.«

Brooks wollte widersprechen, fing jedoch eine warnende Bewegung von Winthrop auf. Als Gail sich entfernt hatte, sagte Winthrop leise: »Sie hat große Angst, und sie muß damit fertig werden. Wir haben alle Angst.«

»Sie braucht nicht allein damit fertig zu werden«, gab Brooks ebenso leise zurück. »Sie machen nicht einmal einen Versuch, ihr zu verstehen zu helfen, was vorgeht.«

»Weil ich, zum Teufel, selbst nicht weiß, was vorgeht. Und Sie wissen es auch nicht.«

»Wenigstens kann ich ihr einige unserer Beobachtungen erklären und sie wissen lassen, daß wir uns der umsichgreifenden Veränderungen bewußt sind.«

»Glauben Sie, Gail bemerkt die Veränderungen nicht? Sie hat Augen und ein verdammt gut funktionierendes Gehirn. Unterschätzen Sie sie nicht. Behandeln Sie sie nicht wie ein Kind. So etwas schätzt sie gar nicht.«

Brooks wandte sich von ihm ab. Winthrop sah immer noch auf das Meer hinaus, das wie nasser Zement dalag, und einen Augenblick lang fragte sich Brooks, ob Winthrop ihm hatte bedeuten wollen, sich nicht um sein Mädchen zu kümmern.

In der Kombüse umklammerte Gail den Wasserhahn, schloß fest die Augen und betete darum, das Wasser möge nicht dick herausfließen, sondern leicht und rein und glitzernd. Warum tat niemand etwas dagegen? Es mußte doch möglich sein, etwas dagegen zu tun. Sie öffnete die Augen und erblickte das Mikroskop, das Sam auf dem Schränkchen hatte stehen lassen, und sie dachte: Wenigstens versucht er es. Sehr sorgfältig stellte sie das Instrument weg. Sie war froh darüber, daß Sam Brooks an Bord war. Als sie an den Wasserhahn zurückkehrte, um den Kessel zu füllen, drehte sie ihn auf und ließ das Wasser in den Kessel fließen, ohne es erst zu prüfen und ohne ihr Gebet zu wiederholen.

5. Mai

Sam Brooks sah auf die gewellte Oberfläche des Wassers und stellte voller Abscheu fest: »Wir sind tief gesunken.«

Gail antwortete nicht. Sie fuhr fort, Decken auf dem felsigen Ufer auszubreiten, und Hugh beschwerte die Ecken. Hugh sah Sam an und meinte: »Wir können ebensogut im seichten Wasser arbeiten. Ich fahre mit der Donado nicht in diese Stürme hinaus, nicht bis ich sie besser verstehe. Sogar die Schneckenfischer bleiben zu Hause. Wir müssen alle erst lernen, wie wir mit den neuen Wellen auf dem Meer umzugehen haben. Sie sind anders als früher. Die Schiffe reagieren anders. Warum ärgern Sie sich deswegen? Versuchen Sie, das Beste daraus zu machen.«

Brooks wandte den seltsamen Wellen in der Bucht den Rücken und sah zum Damm hin, der den schmalen Strand vom Land trennte. Die Kokospalmen wiegten sich majestätisch im Wind.

»Ich weiß«, brummte Brooks, »aber irgendwie kommt mir das Tauchen bei Cable Beach sinnlos vor. Schon wie wir aussehen, mit Decken und allem. Wir sehen genauso aus wie der Haufen da unten.« Er deutete auf eine Gruppe von vier Personen, die vor dem Club im Sand lagen. Die beiden Mädchen in hautengen Bikinis waren über die Männer drapiert, denen sie die Drinks in den Mund kippten.

Gail erklärte: »Ganz so benehmen wir uns nun doch nicht.«

»Vielleicht nicht. Aber es sieht so aus, als wollten wir gleich genauso anfangen.« Brooks warf einen bedeutungsvollen Blick auf die beiden Kisten mit Heineken-Bier, die eine der Decken beschwerten.

»Sam«, rügte Winthrop, »ich bin ein wenig erstaunt, daß ein Mann von Ihrer Intelligenz noch nicht mitbekommen hat, warum wir Bier trinken. Sehen Sie, wenn Sie Bier trinken, brauchen Sie kein Wasser zu trinken. So einfach ist das.«

Brooks wandte sich ihm zu. »Um Himmels willen, warum haben Sie mir das nicht eher gesagt?«

»Sie haben nicht danach gefragt. Nun, wir wollen uns an die Arbeit machen. Für einige Zeit werden wir nur Masken, Flossen und Schnorchel brauchen. In dieser Bucht hat es nie viel Meeresfauna gegeben, aber ich vermute, daß Fische einwandern werden. Wir werden nach Veränderungen bei den kleineren Lebewesen Ausschau halten. Aus dem, was hier geschieht, können wir schließen, was in den kommenden Wochen in der übrigen Welt geschehen wird. Wir haben einen Vorsprung.« Er nahm seine Ausrüstung auf. »Ich werde zuerst ohne Kamera ins Wasser gehen. Kommst du mit, Gail?«

Sie nickte, und die beiden wateten ein paar Schritte ins Wasser, dann legten sie sich in das Seegras. Als sie ihre Schnorchel säuberten, schoß das Wasser in einer einzigen, drei Fuß hohen Säule in die Luft und fiel mit einem dumpfen Platschen zurück. Ihre Flossen verursachten keine Spritzer, und jeder Beinschlag verursachte ein hohles, klopfendes Geräusch. Sam Brooks schüttelte den Kopf. Auch er ging ins Wasser. Er arbeitete etwa hundert Meter draußen, wo ihm das Wasser gerade über den Kopf reichte.

Hugh und Gail blieben in der Nähe des Strandes. Hugh zeigte auf einen jungen Soldatenfisch. Gail konnte an ihm nichts Besonderes entdecken und sah Hugh fragend an, doch er hielt seine Augen weiter auf den Fisch gerichtet. Gail ließ sich von den klebrigen Wellen wiegen, beobachtete den jungen Fisch und erkannte allmählich, daß etwas Seltsames an ihm war. Er flitzte in seiner üblichen Art hin und her und hing dann wieder bewegungslos im Wasser, und wenn er bewegungslos hing, begann er, sich auf die Seite zu drehen. Ein paarmal erholte er sich wieder und schoß fünf oder sechs Zentimeter vorwärts. Aber es geschah immer öfter, daß er sich auf die Seite drehte, und schließlich erholte er sich nicht wieder, sondern drehte sich weiter auf den Rücken und begann langsam zu sinken. Er war tot. Erst jetzt sah Hugh zu Gail hinüber. Er wies auf den toten Fisch, nickte und bewegte sich weiter, um nach anderen Lebewesen Ausschau zu halten. Gail folgte ihm. Wieder einmal erstaunte sie seine Fähigkeit, ein Verhalten zu entdecken, daß, wenn auch nur ganz geringfügig, vom Normalen abwich. Sie blickte um sich, während sie dahinschwamm, aber hauptsächlich behielt sie Hugh im Auge, um zu sehen, welche Dinge seine Aufmerksamkeit erregten. Das war als nächstes ein Fächerröhrenwurm.

Die blütenähnlichen Tentakel des Wurms verschwanden nicht im Sand, als Hugh über ihn hinwegschwamm. Er hielt an und beobachtete. Das sonst so wachsame Tier war nicht länger wachsam. Seine Fächer sanken herab und blieben schließlich wie abgefallene Blätter auf dem Sand liegen. Es war tot. Hugh schwamm weiter. Noch zweimal sahen sie kleine Meeresbewohner verenden. Dann kehrten sie an den Strand zurück.

Sam Brooks sah, wie sie an Land wateten. Erst wollte er sie ignorieren und mit seiner Arbeit fortfahren. Dann überlegte er es sich anders. Wenn Hugh Winthrop etwas Außergewöhnliches tat, gab es immer einen Grund dafür. Diesmal hatte Hugh vorgehabt, im Wasser zu bleiben, bis er etwas entdeckte, das wert war, fotografiert zu werden. Brooks grunzte und schwamm zurück. Als er ankam, saß Hugh bereits auf einer Decke, trank Bier, starrte auf die öligen Wellen und machte keinerlei Anstalten, sich mit seiner Fotoausrüstung zu bewaffnen. Brooks fragte ironisch: »Schon fertig für heute?«

Winthrop nickte, ohne ihn anzusehen.

»Was ist los mit Ihnen, Mann? Wir haben noch etwas anderes zu tun, außer herumzusitzen und Bier zu trinken.«

»Bier schmeckt sehr gut«, sagte Winthrop.

»Wieviel von dem Zeug haben Sie eigentlich?«

Winthrop wandte ihm das Gesicht zu. »Bier? Nun, etwa einen Vorrat für fünf Jahre, so ungefähr zweitausendfünfhundert Kisten, das dürfte reichen. Nehmen Sie sich eins.«

Brooks' Unterkiefer klappte herunter. »Sie haben also . . .« Er schüttelte den Kopf. »Ich gehe wieder an meine Arbeit. Ich bin nur aus dem Wasser gekommen, weil ich dachte, Sie hätten etwas gefunden.«

»Habe ich auch«, bemerkte Winthrop.

Brooks zögerte. Er fürchtete, auf eine Frage eine dumme Antwort zu erhalten. Winthrop starrte wieder aufs Meer hinaus. Endlich überwand Brooks sich doch. »Was haben Sie gefunden?«

Winthrop nickte vor sich hin. »Menschen werden sterben. Millionen von Menschen werden sterben. Wenn wir keine Lösung für das Problem des schweren Wassers finden, werden die meisten, wenn nicht alle Menschen vom Angesicht der Erde verschwinden. Das habe ich gefunden.« Er drehte sich um und sah Brooks an.

Brooks starrte mit großen Augen und offenem Mund zurück. Er wollte Winthrop fragen, ob das sein Ernst sei, doch es war klar, daß es sein Ernst war. »Wie kommen Sie auf diesen Gedanken?«

»Ich habe kleine Meereslebewesen seltsame Tode sterben sehen, eins nach dem anderen. Das kann nur an dem schweren Wasser liegen. Ich wüßte keinen Grund, warum das, was sie tötet, nicht auch Menschen töten sollte. Nur wird das etwas später geschehen. Wenn wir keinen Ausweg finden, werden wir den Würmern folgen.«

Brooks konnte es nicht fassen. »Sie meinen, weil sie ein paar kleine Organismen haben sterben sehen – und sie sterben immerzu, falls Sie es nicht wissen sollten –, ziehen Sie einen so wilden Schluß?«

»Jawohl.«

»Aber wo sind Ihre Beweise? Sie haben Ursache und Wirkung nicht untersucht. Sie können unmöglich einen solchen Schluß ziehen.«

»Ich habe es soeben getan.«

»Im wissenschaftlichen Sinne haben Sie es nicht getan. Ihr Schluß ist wertlos.« Brooks drehte sich um und wollte wieder ins Wasser gehen.

»Nur eine Minute, Sam«, sagte Winthrop. Er sprach ganz ruhig, und Gail wunderte sich, daß er sich überhaupt die Mühe machte, das Gespräch fortzusetzen. »Lassen Sie es mich auf andere Weise darstellen. Ich habe verschiedene Meereslebewesen an ungewöhnlichen Stellen unter ungewöhnlichen Umständen auf ungewöhnliche Art sterben sehen. Gleichzeitig hat es eine drastische Änderung ihrer Umgebung gegeben, so daß wir damit rechneten, sie würden irgendwann und irgendwie daran sterben. Wenn nun das, was wir halb und halb erwartet hatten, geschieht, ist es nur vernünftig, den Schluß zu ziehen, die Veränderung der Umgebung sei daran schuld. Warten Sie.« Brooks hatte widersprechen wollen. »Ich sage nichts weiter, als das mein Schluß ganz vernünftig ist. Er befriedigt mich, und er wird viele vernünftige Menschen befriedigen. Es ist kein wissenschaftlicher Beweis nach einer wissenschaftlichen Methode, aber es genügt, falls Ihre wissenschaftlichen Methoden nicht zu einem anderen Ergebnis kommen. Das ist alles.« Er wandte sich wieder dem Meer zu. Gail sah ihn immer noch an. Für Winthrop war das eine lange Rede gewesen.

Brooks entgegnete langsam: »Bei einer so wichtigen Angelegenheit sind vernünftige Schlüsse nicht gut genug. Wir müssen es wissen. Wo Menschenleben auf dem Spiel stehen, ist nur ein lückenloser Beweis gut genug.« Er merkte, daß Winthrop ihm gar nicht zuhörte, und kehrte ins Wasser zurück.

Winthrop sah ihm nach. »Du weißt«, sagte er zu Gail, »wir müssen es den Leuten mitteilen, daß die Fische hier sterben. Ich vermute, die meisten werden ähnlich wie Brooks reagieren. Sie werden es nicht glauben wollen,oder sie werden nicht verstehen, was es bedeutet. Trotzdem müssen wir es ihnen mitteilen.«

Gail fragte: »Carl Loudermilch?«

Winthrop nickte. »Ja, so wird es am besten sein. Ihm können wir alles erklären, und er wird verstehen, wie wichtig es ist, und das beste tun, um es bekanntzumachen. Ich werde jetzt gehen und ihn anrufen. Kommst du mit?«

Gail blickte zu Brooks im Wasser hinüber. »Vielleicht sollten wir ihn hier nicht allein lassen.«

»Er wird schon nicht ertrinken. Komm mit, und sag Carl guten Tag.«

Gail zuckte die Schultern und folgte ihm die auf den Damm führenden Stufen hinauf. Sie benutzten das Telefon im Foyer des Cable-Beach-Manor-Hotels. Es dauerte zehn Minuten, bis Loudermilch an den Apparat gerufen worden war, und weitere zehn Minuten, um ihm in allen Einzelheiten zu erklären, was sie heute vormittag im seichten Wasser beobachtet hatten. Dann legte Winthrop die Schlüsse dar, die er daraus gezogen hatte.

»Hier geschieht alles mit einem zeitlichen Vorsprung. Es mag noch ein Jahr dauern, vielleicht länger, bis Menschen an der PON-Gallerte sterben werden.«

Einige Sekunden herrschte Schweigen. »Ich vermute, Sie erzählen mir all das, damit ich es an die geeigneten Stellen weitergeben kann«, sagte Loudermilch.

»So habe ich es mir vorgestellt, Carl. Übrigens sollte ich Ihnen noch mitteilen, daß Brooks nicht mit mir einer Meinung ist. Er behauptet, wir hätten keinen wissenschaftlichen Beweis.«

»Ja, ich kann mir vorstellen, daß er das sagt. Trotzdem müssen wir so schnell wie möglich etwas unternehmen. – Wie geht es Gail?«

»Sie ist hier und möchte Sie auch begrüßen.« Er gab Gail den Hörer, und Loudermilch und Gail sprachen kurz miteinander. Gail meinte, er solle doch nach Nassau zurückkommen, und Loudermilch antwortete, er werde es versuchen.

»Ich werde Sie in Zukunft zweimal die Woche anrufen«, versprach Loudermilch zum Schluß. »Ich habe einen Freund namens Manfried Friedman, der im Gesundheitsministerium ist. An ihn kann ich sofort weitergeben, was Sie da unten entdekken. Fragen Sie mal Hugh, was er davon hält.«

Winthrop nahm den Hörer wieder. »Ich glaube nicht, daß das genug ist, Carl. Wir müssen alles tun, was wir können, um die Menschen darüber zu informieren, was mit ihnen geschehen wird. Können Sie nicht dafür sorgen, daß ein neues Team hergeschickt wird, damit Brooks mit seiner Arbeit schneller vorankommt?«

»Ich werde es versuchen, Hugh, aber ich fürchte, es wird nicht viel dabei herauskommen.«

»Nun gut. Wir werden von hier ständig Neues zu berichten haben, und ich glaube, meistens wird es etwas Schlechtes sein. Okay, Carl. Viel Glück.«

»Auf Wiedersehen, Hugh. Grüßen Sie Gail noch einmal von mir.« Als Loudermilch auflegte, hallten die Worte in seinem Kopf wider: »Meistens wird es etwas Schlechtes sein.«

21. Mai

Die Donado stampfte durch die kurzen, steifen Wellen auf dem Weg nach dem südwestlichen Riff. Die heftigen Stürme hatten aufgehört, und das Wetter war beinahe wieder normal. Hugh Winthrop sah zum Himmel hoch und bemerkte: »Vielleicht ist die Yudkin-Wolke jetzt aus der Atmosphäre verschwunden, und der ganze Staub ist auf der Erdoberfläche, im Wasser und auf dem Land. Kann sein, daß das Wetter nicht länger davon beeinflußt wird. Ob die warme Luft dem schweren Wasser ebensoviel Feuchtigkeit entziehen wird wie gewöhnlichem Wasser?« Diese Frage richtete er an Sam Brooks, der vorn im Cockpit saß.

»Interessante Frage. Ich muß überlegen.« Brooks verfiel in Schweigen.

Winthrop meinte: »Ja, sie wird. Der Wasserdruck wird durch den Gel-Gehalt nicht sehr verändert, also wird die Luft so viel Feuchtigkeit aufnehmen wie immer.«

»Woher wissen Sie das?«

»Das sagt einem doch die Vernunft.«

Brooks schüttelte den Kopf. »Wann werden Sie endlich aufhören, unbewiesene Schlüsse zu ziehen? Mit diesen halbgaren Folgerungen werden Sie noch viel Ärger stiften. Loudermilch glaubt alles, was Sie ihm erzählen, und er gibt es als wissenschaftliche Forschunsergebnisse weiter. Sie müssen lernen . . .« Er verstummte, als er bemerkte, daß Winthrop über die öligen Wellen hinwegsah und ihm nicht zuhörte.

Plötzlich schnippte Winthrop mit den Fingern. »Mein Gott!« Er starrte angespannt auf das Wasser. Brooks sprang auf, um zu sehen, was er entdeckt hatte. Es war nichts da. »Ich glaube, das beantwortet meine Frage«, fuhr Winthrop fort. »Wir werden auf diesem schönen Planeten ein Sauwetter bekommen. Es wird n i c h t wieder dasselbe werden.«

Brooks sandte einen wilden Blick über die Wellen. »Was ist denn? Ich sehe nichts.«

Winthrop winkte Gail von der Kajütentreppe hinauf. »Siehst du an diesen Wellen einen Unterschied?«

»Nun, sie sind steiler«, antwortete Gail, »und enger beieinander, als sie es bei diesem Wind sein sollten. Aber sonst – Warte! Da ist kein Schaum, keine Gischt.«

Winthrop nickte grimmig. »Das ist richtig. Kein Schaum, keine Wassertröpfchen in der Luft. Keine Salzkristalle mehr, die als Kondensationskerne dienen können.«

Brooks ging ein Licht auf. Er sah noch einmal auf die Wellen und öffnete den Mund, aber er sagte nichts. Winthrop erklärte Gail: »Regentropfen bilden sich in der Luft um einen Kondensationskern. Sind keine da, bilden sich auch keine Tropfen. Einen Teil dieser Kerne liefert der Rauch, aber die meisten sind winzige Salzkristalle, die aus dem salzigen Gischt der Meere in die Luft gelangen. Kein Gischt, keine Kondensationskerne. Keine Kondensationskerne, kein Regen.«

»Interessante Theorie«, brummte Brooks. »Im Augenblick weiß ich nur nicht, wie wir sie beweisen sollen. Wissen Sie es?«

»Nein, aber ich glaube, wir werden nicht lange auf den Beweis zu warten brauchen. Sehen Sie. Die Feuchtigkeit steigt im selben Umfang wie früher in die Luft, aber sie schlägt sich nicht wieder als Regen nieder. Die Luft wird übersättigt mit Feuchtigkeit. Dann kann man Regen erzeugen, indem man selbst Kondensationskerne in die Atmosphäre bringt. Silberjodid. Hat man schon vor Jahren gemacht. Nur wenn das jetzt jemand nach einer Trockenperiode tun wird, muß die Folge ein furchtbarer Wolkenbruch sein. Wenn das nicht kontrolliert wird, könnte es zu einer Katastrophe kommen. Ich sollte lieber Loudermilch anrufen. Übernimm das Ruder, Gail.«

»Warten Sie«, verlangte Brooks. »Sie können ihn nicht aufgrund einer vagen Idee von Ihnen anrufen. Es gibt keinen Beweis.«

»Wenn wir warten, kann es zu spät sein. Wir sollten ihn die Idee dort verbreiten lassen, wo sie etwas bewirken kann. Vielleicht wird es durch diese künstlichen Kondensationskerne zum ersten Mal möglich sein, das Wetter zu kontrollieren. Dann könnte die Yudkin-Wolke doch noch ein Gutes zur Folge haben.« Er stieg die Kajütentreppe hinunter, ohne auf Brooks' Widerspruch zu achten. Dann kam er zurück und übernahm das Ruder. Sie waren eine Meile vom südwestlichen Riff entfernt.

Sie warfen Anker, und Winthrop legte seine Taucherausrüstung zurecht. Brooks half ihm. Als er sich aufrichtete und einen Blick auf das Wasser warf, sagte er: »Da kommt ein großer Hai auf uns zu.« Brooks stieg mit einem Fuß auf den Schandeckel und beobachtete die dreieckige Flosse, die das Wasser durchschnitt. Winthrop gesellte sich zu ihm. »Ich möchte wissen, ob er ein Menschenfresser ist«, bemerkte Brooks.

»Warum prüfen Sie es nicht nach?« Damit schlug Winthrop Brooks' Hand vom Stag. Brooks ruderte wild mit den Armen, aber es half ihm nichts, er platschte ins Wasser. Sofort kam er wieder nach oben und schoß die Strickleiter hinauf. Er stürzte sich auf Winthrop. »Sind Sie verrückt geworden? Was ist los mit Ihnen? Das Biest hätte mich töten können!« Er machte eine Armbewegung in Richtung des großen Hais, der jetzt längsseits des Schiffes war. »Etwas so Blödsinniges habe ich noch nie erlebt! Ich weiß nicht, was . . .« Die Stimme versagte ihm vor Wut. Schwer atmend durchbohrte er Winthrop mit Blicken.

Winthrop war ein wenig überrascht von dieser heftigen Reaktion. Ohne ein Wort stieg er auf den Schandeckel und ließ sich, nicht weiter als zehn Fuß von dem großen Hai entfernt, ins Wasser fallen. Die Flosse neigte sich zur Seite, als Winthrop das Wasser berührte, und bewegte sich dann auf ihn zu. Winthrop lag mit dem Gesicht im Wasser, stieß leicht mit den Füßen, paddelte mit den Händen und sah den Hai unter Wasser an. Dieser schwamm an ihm vorbei, kehrte zurück und umkreiste ihn in aller Gemütsruhe. Er schien ihn zu berühren, wenn er zwischen dem Schiff und dem Mann hindurchschwamm. Dann zog der Hai am Bug vorbei hinaus aufs Meer.

Winthrop kletterte in das Cockpit und beugte sich wortlos über seine Taucherausrüstung. Brooks starrte auf seinen Rükken. Er wollte etwas sagen, aber er überlegte es sich anders, ergriff ein Handtuch, ging, während er sich abtrocknete, zum Bug und sah aufs Meer hinaus.

Gail fragte leise: »Warum bist du so grob gewesen?«

Winthrop zuckte die Schultern. »Es schien mir eine gute Möglichkeit, ihm zu zeigen, was ich mir unter einem Beweis vorstelle. In diesen Gewässern sind die Haie harmlos. Das ist vielleicht nicht wissenschaftlich, aber . . .« Wieder zuckte er die Schultern.

Später tauchten sie zusammen, und als Winthrop Brooks seine Ausrüstung brachte, nahm dieser es als eine Art von Entschuldigung und sagte »Danke«. Brooks war jetzt viel besser in Form als früher. Er schwamm ruhiger, und er hatte es gelernt, mit seiner Preßluftflasche beinahe eine Stunde auszukommen.

Sie begegneten einer Schule von fünfzehn Tümmlern, die sich auffällig langsam bewegten. Verschiedentlich sahen sie Fische sterben. Brooks sammelte sie ein.

Gail bemerkte einen Trompetenfisch, der sich seltsam benahm. Sie schwamm ihm nach, doch bevor sie ihn erreichte, überkam sie eine große Mattigkeit. Sie hielt an und ließ sich auf den Grund sinken. Vor ihren Augen verschwamm alles. Ihr Körper fühlte sich leicht an. Sie versuchte, die Beine zu bewegen und zurückzukehren. Es gelang ihr jedoch nur, sich in die Richtung umzudrehen, aus der sie gekommen war. Wie durch einen Nebel erkannte sie Winthrop und Brooks. Winthrop wandte ihr den Kopf zu. Sie biß die Zähne zusammen, erhob mühsam eine Hand und ließ den Zeigefinger um ihr Ohr kreisen. Damit signalisiert ein Taucher, daß er sich benommen fühlt. Sie sah noch, daß Winthrop auf sie zuschoß, und dann verlor sie das Bewußtsein.

Längsseits der Donado kam sie wieder zu sich. Winthrop stützte sie. Er reichte ihr die Preßluftflasche Brooks zu, der im Cockpit stand. »Was ist geschehen?« fragte Gail.

»Herzlich willkommen«, antwortete Winthrop. »Du hast da unten das Bewußtsein verloren. Ich dachte schon, wir müßten dich an Bord ziehen, aber vielleicht schaffst du es allein. Fühlst du dich stark genug?«

Sie bewegte Arme und Beine. Das Gefühl der Leichtigkeit war verschwunden. »Mir geht es gut. Was kann die Ursache sein? Mir ist so etwas noch nie passiert.«

»Ich weiß es nicht. Kannst du hochklettern?«

»Natürlich.«

Ohne Schwierigkeiten stieg sie die Strickleiter empor. Als sie über den Schandeckel kam, ergriff Brooks ihren Arm, aber sie brauchte keine Hilfe. Doch sie lächelte ihm dankend zu, und Brooks fühlte seine Kehle eng werden.

Auch Winthrop kam an Bord und sagte zu Brooks: »Können Sie bei den Musterexemplaren kontrollieren, ob die Viskosität des Blutes gestiegen ist?« Er hielt den Beutel mit den toten Fischen hoch. Gail schüttelte kläglich den Kopf. Selbst in einem Augenblick, als ihr Leben auf dem Spiel stand, hatte Winthrop daran gedacht, die Proben in Sicherheit zu bringen.

Brooks sah zögernd zu Gail hin, aber sie sagte: »Gehen Sie nur.« Er nahm den Beutel und ging damit unter Deck.

Winthrop bestand darauf, daß Gail sich hinsetzte und ausruhte, und als sie um ein Glas Wasser bat, gab er ihr statt dessen eine Flasche Heineken. Schweigend saßen sie nebeneinander, bis Brooks den Kopf über die Kajütentreppe steckte und rief:

»Ich habe zwei untersucht. Die Viskosität ist um dreißig Prozent erhöht, sonst ist alles normal. Ich glaube, das ist es, was sie getötet hat, obwohl wir noch keinen richtigen Beweis dafür haben.«

»Ich wüßte gern, ob die Viskosität des Blutes der Tümmler auch gestiegen ist«, meinte Winthrop. »Ich bin davon überzeugt, aber ich hätte es gern nachgeprüft.«

»Sollen wir einen fangen?«

»Wir wollen es im Auge behalten. Vielleicht wäre es besser, noch eine Woche zu warten«, antwortete Winthrop.

Brooks sah nachdenklich zu Gail hin. »Ich frage mich, wie es mit Gails Blut steht. Wir sollten es untersuchen. Wir sollten Blutproben von uns allen untersuchen.«

Winthrop schüttelte den Kopf. »Das ist jetzt noch nicht nötig, und Sie haben sowieso keine sterilen Instrumente zur Hand. Wir wollen zurückfahren. Das, was wir uns für heute vorgenommen hatten, ist erledigt. An Land können Sie genauere Messungen durchführen als an Bord. Sie beenden Ihre Arbeit, und dann rufen wir Loudermilch an.«

Auf der Fahrt nach Coral Harbor gab es keine weiteren Vorkommnisse mehr. Sie legten an, und Brooks lud seine Proben und Instrumente in den Wagen. Er winkte, rief: »In ein paar Stunden bin ich zurück«, und fuhr davon.

Winthrop ging in die Kajüte, setzte sich auf die Couch und streckte seine langen Beine quer durch den Raum. Gail fragte: »Kaffee?« Er schüttelte den Kopf. »Heineken?« Er nickte, also öffnete sie zwei Flaschen und reichte ihm eine. Sie stand vor ihm, bog den Kopf in den Nacken und nahm einen langen Schluck. Sie erklärte: »Ich glaube, ich werde es nie lernen, aus einer Flasche zu trinken. Wie bringen Männer das so mühelos fertig?«

Winthrop lächelte. »Es gibt zwei Dinge, die Frauen niemals lernen werden: Wie man aus einer Flasche trinkt und wie man spuckt. Warum, weiß ich nicht.«

»Nun, ich habe vor, nur eins von diesen Dingen zu lernen.« Sie stieg wieder an Deck, und er folgte ihr. Zusammen beobachteten sie, wie über dem Hafen Wind aufkam. Ein Fünfundvierzig-Fuß-Kreuzer fuhr zu schnell vorbei, und seine Kielspur ließ die Donado schlingern. Gail legte eine Hand auf Winthrops Arm, um das Gleichgewicht zu behalten. Als das Schlingern aufhörte, meinte Winthrop: »Ich werde die Bugleinen nachprüfen. Es könnte sich eine gelöst haben.« Kurze Zeit später hörte Gail ein lautes »Verdammt« und ein Aufklatschen. An der Seite des Cockpits beugte sie sich vor, um zu sehen, was passiert war. Winthrop trieb im Wasser.

Sie hätte über ihn gelacht, wenn sie aus dem Aufplatschen nicht erkannt hätte, daß er flach auf dem Wasser aufgeschlagen war. Selbst bei einem Fall konnte Winthrop das nicht passieren. Er beherrschte seinen Körper gut genug, um sich noch in der Luft drehen zu können.

Er lag mit dem Gesicht im Wasser. Gail hielt den Atem an. »Hugh!« rief sie, aber er antwortete nicht. Sie ließ ihr Bier fallen, sprang aufs Seitendeck, rannte nach vorn, sprang neben ihm ins Wasser und rollte ihn auf den Rücken. Sie hielt sein Gesicht über die Oberfläche und sah ihn an. Seine Augen waren geschlossen, aber auf Gesicht oder Stirn war nichts zu sehen. Sie zog ihn an den Stern und ergriff die Leine, die die Donado an einem Poller festhielt. Sie hob Winthrops Arme und hängte sie, während sie ihn stützte, über die Leine. Jetzt war sein Gesicht aus dem Wasser. Sein Kopf hing kraftlos nach vorn.

Gail keuchte vor Anstrengung. Was sollte sie als nächstes tun? Kein Mensch war in Sicht. Sie rief, so laut sie konnte: »Kann mich jemand hören?« Keine Antwort. Sie versuchte es noch einmal. Wieder keine Antwort. Sie legte ihr Ohr an Winthrops Mund und vernahme seine flachen Atemzüge.

Der Stern der Donado lag dicht an dem Poller, der durch eine Planke mit dem nächsten Poller verbunden war. Gail wickelte die Vertäuung um die Planke, so daß sie darauf stehen und sie, während sie Winthrop stützte, ins Cockpit zurückarbeiten konnte. Als sie wieder Luft bekam, versuchte sie, ihn hochzuziehen. Er stöhnte, öffnete die Augen und fragte: »Was ist geschehen?«

Sie half ihm an Bord, und dann lehnte sie sich zurück und schloß die Augen. Angstvoll fragte Hugh: »Bist du in Ordnung?«

»Mir fehlt nichts, aber dir muß etwas fehlen. Was war los mit dir?«

Er stand mit Leichtigkeit auf, ergriff seine Bierflasche und tat einen langen Zug. Dann grinste er sie an.

Gail baute sich vor ihm auf. »Hugh Winthrop, du sagst mir auf der Stelle, was los ist.« Er versuchte, das Gesicht abzuwenden, aber sie faßte ihn bei den Ohren.

»Nun«, gestand er schließlich, »du hast heute das Bewußtsein verloren, und ich machte mir Sorgen um dich. Du bist jedoch gut in Form, denn andernfalls wärst du bei all der Anstrengung wieder ohnmächtig geworden.« Sie trat einen Schritt zurück. »Du meinst . . . du hast es gewagt . . . wie konntest du so etwas tun?« Ihr Ärger wuchs. Sie ging unter Deck und knallte die Tür hinter sich zu. Er konnte hören, wie sie den Duschvorhang zuzog.

»Ich mußte es wissen«, rief er ihr nach, »und ich wollte dich nicht auch noch beunruhigen.«

Sie antwortete nicht, doch nach der Dusche fühlte sie sich besser. Als sie wieder zum Vorschein kam, fragte sie: »Also hast du dir Sorgen gemacht? Ja, warum habe ich denn das Bewußtsein verloren?«

»Das geschieht schon einmal, wenn man zu müde oder kalt geworden ist oder zu lange mit dem Kopf nach unten hing. Es kann viele Ursachen haben. Wenigstens wissen wir jetzt, daß es nicht an verdicktem Blut gelegen hat.«

»Eine Gemeinheit war es trotzdem.«

»Ja, aber ein kleiner Test dann und wann bringt niemandem Schaden. Jetzt werde ich duschen.« Er griff sich ein Handtuch, begab sich ins Bad, duschte und rasierte sich. Als er herauskam, hatte Gail zwei Gläser Bier eingegossen. Winthrop machte es sich auf der Couch gemütlich und legte seine Füße auf den Tisch. »Wohin mag das alles noch führen?« überlegte er. »Wenn die Menschen anfangen, sich wie die Fische zu benehmen, wird die menschliche Rasse Änderungen erfahren. Bei Todesstrafe wird alles verlangsamt werden. Die Leute werden tot zusammenbrechen, wenn sie sich zu sehr anstrengen. Man wird herausfinden müssen, wo die eigenen Grenzen liegen. Der eine kann vielleicht zwölf Treppenstufen hochrennen, und der andere wird nach zwei Stufen tot umfallen. Der Starke kann sterben, und der Schwache kann überleben. Das Gesetz der Auslese des Tüchtigsten mag in sein Gegenteil verkehrt werden. Das Überleben wird vielleicht eine Sache des reinen Zufalls. Wie schön für die menschliche Rasse.« Er nahm einen langen Zug Heineken.

Sie diskutierten immer noch darüber, als Brooks zurückkehrte.

»Was haben Sie an den Fischen festgestellt?« erkundigte sich Gail.

»Nun, die Viskosität des Blutes ist hoch, im Durchschnitt um dreißig Prozent gestiegen, und dem Blut mangelte es an Sauerstoff. Den lebenswichtigen Organen war zu wenig Sauerstoff zugeführt worden. Die Tiere starben an Anoxie.«

Winthrop dachte einen Augenblick lang nach. Dann fragte er: »Wie steht es mit dem Blutdruck? Haben Sie Anzeichen von einer zu großen Belastung des Herzens gefunden, wenn Sie die laienhafte Ausdrucksweise verzeihen wollen? Ich meine, welchen Einfluß hat es auf das Herz, wenn es eine Flüssigkeit mit einer so hohen Viskosität pumpen muß?«

Brooks nickte. »Ich verstehe, was Sie meinen. Um darüber etwas zu sagen, ist es noch zu früh, aber es kann sich durchaus um eine Art Herzversagen handeln. Ich hatte noch keine Gelegenheit, es nachzuprüfen.« Gail und Winthrop wußten beide, daß Brooks in Wirklichkeit nicht daran gedacht hatte, es nachzuprüfen. Seine Gedanken waren so mit der Viskosität des Blutes beschäftigt gewesen, daß er sonst auf nichts geachtet hatte.

Winthrop stand auf. »Es ist Zeit, Loudermilch anzurufen.« Er stellte sein Funkgerät an. Die Verbindung kam schnell zustande, und Winthrop erstattete Loudermilch fünfzehn Minuten lang Bericht.

»Und Sie glauben, das wird auch bei den Menschen so kommen, Hugh?« fragte Loudermilch.

»Ich sehe keinen Grund, warum es nicht so kommen sollte, Carl. Mit den Meerestieren fängt es an, weil sie stärker darunter zu leiden haben. Wir werden die Nächsten sein, wenn wir nichts dagegen tun. Ich weiß allerdings nicht, was wir tun könnten.«

Loudermilch pfiff leise vor sich hin. »Ich habe einige Arbeit zu tun, einige Leute zu informieren. Wünschen Sie mir Glück. Ich werde es brauchen.«

8. Juni

Auf Kiuschu, einer der japanischen Hauptinseln, fiel Regen und blieb wie eine neun Zentimeter dicke Schicht von durchscheinendem Schnee auf dem Boden liegen. Die Tropfen waren rund, und wenn man sie in die Hand nahm, schmolzen sie, aber auf dem Boden vergingen sie nicht. Unter der Masse von Regentropfen waren blaßgrüne Keime zu erkennen, umgeknickt und niedergewalzt. Yoshikara Hirooka, der von einer Versammlung in

Fukuoka heimfuhr, starrte wie in dumpfer Betäubung auf seine Felder. Seine Tochter und deren Kind, seine Frau und seine anderen vier Kinder warteten zu Hause auf ihn. Sie warteten darauf, daß er eine Nachricht brachte, wie man mit dem befremdlichen Regen fertig werden konnte, damit er abfloß und im Boden versickerte, wie er es von Natur aus sollte. Aber bei der Versammlung hatten die Bauern nur mit den Zähnen geknirscht und gejammert. Es gab keinen nützlichen Vorschlag, keine Hilfe von der Regierung, keine Hoffnung auf die Zukunft.

Yoshikara Hirooka war gar nicht wild darauf, seiner Familie gegenüberzutreten. Er parkte den kleinen MG und schritt langsam auf die Haustür zu. Als er von drinnen aufgeregtes Geschnatter hörte, verlor er die Nerven. Er machte kehrt, rannte auf die Felder und trampelte schreiend auf den Regentropfen herum, die keine Regentropfen waren.

Unter seinen wütenden Tritten zerbrachen die Tropfen, und das Wasser lief auf den Boden. Er lachte wie ein Wahnsinniger und fuhr fort, stampfend und kreischend zwischen den Reihen der Reiskeime herumzulaufen. Jetzt nahm die Erde das Wasser bereitwillig auf. Er stürzte ins Haus, wo Frau, Kinder und Enkelkind ihn empfingen wie einen Mann, dessen Sinne sich zu den Göttern davongemacht haben.

»Raus mit euch! Alle raus auf die Felder. Wir müssen den Regen in den Boden schlagen!«

Seine zweite Tochter, die Blue jeans und ein Hemd trug, das nicht einmal ihr Vater angezogen hätte, wandte sich verächtlich ins Haus zurück, aber er verpaßte ihr einen Schlag auf die Kehrseite, hinter dem ebensoviel Nachdruck steckte wie hinter den Tritten, die er dem Regen verpaßt hatte. Kurze Zeit darauf marschierten der Bauer und seine Frau und seine fünf Kinder auf den Feldern zwischen den grünen Keimen hin und her und trampelten den Regen in die Erde, wo er hingehörte.

In seiner Wohnung auf Manhattan stellte Carl Loudermilch seufzend den Fernsehapparat ab. Vor seinem geistigen Auge wurde der Boden von ganz Asien schwarz von Menschen, die den Regen in die Erde stampften. Jeder Bauer, der ein Radio besaß, hatte inzwischen erfahren, daß das die einzige Möglichkeit war, um die Ernte zu retten, und wo es keine Radios gab, würde man es schließlich selbst herausfinden. Er bewunderte die Bauern einige Sekunden lang. Dann zuckte er die Schultern und trat an die großen Fenster, die auf den Hudson hinausgingen. Er strömte dick und schwarz und ölig dahin. Carl hatte das Gefühl einer seltsamen Leere in seiner Wohnung, wie er es vor vier Jahren empfunden hatte, als Myra gestorben war. Er sah sich im Zimmer um, doch dort gab es keine Veränderung. Die Veränderung saß tief in seinem Inneren. Er vermißte seine Frau jetzt schmerzlicher, als er es im ganzen letzten Jahr getan hatte.

Langsam ging er in die Küche, holte sich Eiswürfel aus dem Kühlschrank und mixte sich einen Drink. Er wünschte sich jemanden, mit dem er auf die gleiche Art wie mit Myra sprechen konnte, ohne Hemmungen davor, seine Furcht zu enthüllen oder seine Unwissenheit oder seine Habgier oder was auch immer von dem, das ihn zu dem machte, der er war. Sie hatte alle seine Eigenschaften verstanden und akzeptiert, und mit ihr hatte er sprechen können, aber seitdem mit niemanden mehr. Außer vielleicht mit seinen Freunden in Nassau, Hugh und Gail. Doch die waren ein Paar. Er trank die Hälfte des Glases aus, stellte das Glas ab und vergaß es. Erneut trat er ans Fenster und sah auf den Fluß hinaus, der ganz normal aussah, aber es nicht war.

Er hatte einen Artikel zu schreiben. Heute nachmittag hatte er im Büro die letzten Nachrichten erhalten. Er hatte sie noch nicht gelesen. Sie besagten alle so ziemlich das gleiche, die üblichen Verlautbarungen offizieller Seiten. Beunruhigen Sie sich nicht, es gibt nichts zu befürchten, und wenn einer das Gegenteil behauptet, ist er ein Kommunist oder ein Unruhestifter oder ein Narr . . .

Das Telefon läutete, und er fuhr zusammen. Am Apparat war Tatum, der Nachtredakteur.

»Können Sie herkommen, Carl? Aus irgendeinem Grund wird

heute nacht allerhand los sein. An einige Dämmen hat es Schlägereien gegeben. Die Farmer halten dort Wache und wollen niemanden hineinlassen. Außerdem liegen Berichte über Unruhen hier in der Stadt vor. Schwierigkeiten bei den Wasserwerken . . .«

Carl Loudermilch machte sich sofort auf den Weg. Die Lethargie war von ihm abgefallen. Schnellen Schrittes ging er zur Untergrundbahn und dachte, schließlich sei es doch ein angenehmer, milder Juniabend.

In der Stadt gab es ein halbes Dutzend kleiner privater Wasserwerke mit veralteten Maschinen und zu wenig Personal. Eines davon belieferte ein zwanzig Häuserblocks breites und zweiundfünfzig Häuserblocks langes Gebiet in der Bronx. Obwohl die Verdickung des Wassers, solange es sich bewegte, kaum zu bemerken war, hatte die Pumpanlage versagt. Sobald das Wasser nämlich stillstand, verdickte es sich beinahe zur Konsistenz eines Gels. Ende des Berichts.

Loudermilch wußte, daß dies der Beginn einer Katastrophe war, gegen die die Stromausfälle der Vergangenheit wie Geringfügigkeiten erscheinen würden. Der Nachtredakteur hatte bereits einen Reporter hingeschickt. Er reichte Loudermilch eine zweite Meldung. »Die kommt von einem AP-Mann in Kingston«, erklärte er.

»Heute schloß eine Gruppe von fünfzig bis sechzig Farmern die Schleusen an dem Damm des Neversink-Reservoirs und unterbrach damit das Ablaufen des Wassers in den Delaware River und die weiter stromabwärts liegenden Gebiete einschließlich Trenton und New York City. Der Gouverneur hat eine Untersuchung und, falls notwendig, Gegenmaßnahmen versprochen.«

Im Laufe der Nacht liefen ähnliche Meldungen ein. An drei verschiedenen Dämmen hatte es Schießereien gegeben, und zwei weitere unabhängige Wasserwerke gaben zu, Schwierigkeiten mit ihren Pumpanlagen zu haben. Um ein Uhr dreißig morgens hatte die Staatspolizei die Farmer vertrieben und bewachte nun die Dämme.

Loudermilch schrieb seinen Artikel. Er führte aus, welche Folgen das dicke Gel, das sich aus sehr langsam bewegtem Wasser bildete, bei Maschinen, Pumpen, Filteranlagen und Klärbecken zeitigen würde . . . Als er die fertige Arbeit noch einmal durchlas, runzelte er die Stirn. Das würde niemand veröffentlichen wollen. Es konnte die Panik hervorrufen, die die Regierung mit allen Mitteln zu verhindern suchte. Aber die Bevölkerung mußte informiert werden. Sie mußte jetzt damit anfangen, Vorbereitungen zu treffen, und nicht erst, wenn das gesamte Wasserversorgungssystem lahmgelegt war. Wer die Stadt verlassen konnte, sollte es tun. Wer einen Ort aufsuchen konnte, an dem es einen tiefen Brunnen oder eine Quelle gab, war gut dran.

Ob die tiefen Brunnen auch beeinflußt werden würden? Sein Freund Corlie Jackson fiel ihm ein. Er griff nach dem Telefonhörer, doch dann erinnerte er sich daran, daß es drei Uhr morgens war, und er zog seine Hand zurück. Corlie wohnte nur eine Fahrstunde von der City entfernt. Er entschied sich, am Vormittag hinauszufahren und ihn aufzusuchen. Er raffte die maschinenbeschriebenen Blätter zusammen. Das Manuskript war zehnmal so lang geworden wie seine üblichen Artikel.

Tatum blätterte die Seiten eilig durch. Dann sah er Loudermilch verblüfft an. »Ist das die Wahrheit?«

»Voll und ganz.«

»Sie glauben tatsächlich, daß die Leitungen verstopft werden?«

»Nach und nach ja«, antwortete Loudermilch. »Zuerst wird dickes Gel an den toten Stellen entstehen, und es wird wachsen. Wenn das Wasser langsamer wird, verbreitet sich das Gel überall. Früher oder später wird es das fließende Wasser aufhalten. Je mehr Wasser stillsteht, desto mehr Gel wird sich bilden und so weiter.«

»Kann man die Leitungen nicht einfach ausspülen?«

»Womit? Mit destilliertem Wasser?« Loudermilch lachte auf. »Kurzfristig mag das helfen, aber dann geht es von vorne los.«

Tatum sah von Loudermilch auf das Manuskript und zurück.

»Ich kann hierfür die Verantwortung nicht übernehmen. Sie wissen, bis jetzt durfte noch nichts Derartiges bekanntgegeben werden. Es wird Panik erzeugen, Carl.«

»Ja. Genauso fühle ich mich auch. In Panik.« Loudermilch stand auf. »Mir ist es verdammt egal, was Sie mit dem Artikel machen. Ich habe einige Telefongespräche zu erledigen, und dann gehe ich schlafen.«

Um neun Uhr am nächsten Morgen hatte das Wasserwerk die Anlagen gesäubert, und sie funktionierten wieder. Aber das Wasser, das in dem betroffenen Gebiet aus den Hähnen floß, hatte über Nacht Eisenpartikel aufgenommen, und es war dick. Es sah wie schmutziges Waschwasser aus, das dabei war, sich in Gel zu verwandeln. Ärgerliche Hausfrauen belästigten den ganzen Tag die Stadtverwaltung, und eine Gruppe von Teenagern warf den Lastwagen eines Wasserwerks um.

Loudermilch war froh, als er aus der Stadt hinausfuhr. Es lag etwas in der Luft, das ihm nicht gefiel. Gott sei Dank regnete es wenigstens nicht wieder. Nach jedem Regen wurde das Wasser schlechter. Andererseits würde das Polymer sich schneller bilden, wenn die Trockenheit anhielt und die Wasserspiegel in den Reservoiren sanken. Es gab keine Lösung für das Problem. Man mußte abwarten, was die Zeit mit sich brachte. Und wieviel Zeit hatte eine Stadt mit zehn Millionen Einwohnern, wenn das Wasser ungenießbar wurde? Vielleicht kam ein pfiffiger Politiker auf den Gedanken, einen Destillierapparat für jeden Haushalt zu versprechen.

Corlie Jackson hatte eine Farm mit siebenundfünfzig Morgen Land im Orange Country im Staat New York. Er hatte sich des öfteren in Loudermilchs Anwesenheit gerühmt, sein Vieh trinke Wasser, das Millionen Jahre alt sei, fünf, zehn, vielleicht sogar fünfzehn Millionen. Das Wasser war bei der Auffaltung des Gebirges eingeschlossen worden und unberührt geblieben, bis er es anzapfte und ein Springquell reines Wassers emporschoß. Er hatte den artesischen Brunnen bedeckt, und der natürliche Druck war hoch genug, um das Wasser durch sein dreistöckiges

Haus, seine Ställe und Außengebäude zu tragen und seinen Gemüsegarten zu bewässern.

Als Loudermilch die Privatstraße erreichte, die zu Corlies Haus führte, mußte er anhalten, weil ein an Ketten hängender Baumstamm mit einer Art von Flaschenzug den Weg versperrte. Ein großer Mann mit einem Gewehr trat heran und rief aus einer Entfernung von fünf Metern:

»Was haben Sie hier zu suchen, Mister?«

»Ich möchte zu Corlie Jackson. Was geht hier vor?«

»Sagen Sie mir Ihren Namen, Mister, und ich werde fragen, ob Corlie Sie kennt.«

Loudermilch bemerkte, daß der Mann ein Walkie-talkie an seinem Gürtel trug. Er ließ beide Hände am Gewehr. Loudermilch nannte seinen Namen und steckte sich eine Zigarette an, während der Mann, der keinen Moment die Augen von ihm ließ, in sein Walkie-talkie sprach. Endlich nickte er, trat auf die Seite und zog an der Kette den Baumstamm in die Höhe.

Corlie empfing ihn an der Zufahrt vor seinem Haus. Er hatte einen Revolver umgeschnallt. Corlie war noch keine fünfzig, aber heute morgen wirkte er wie sechzig oder mehr. Er zeigte sich überschwenglich glücklich, Loudermilch zu sehen.

»Carl, wir sind in Schwierigkeiten«, verkündete er und führte Loudermilch in das alte Fachwerkhaus. »Ich kann das Vieh nicht auf die Weide lassen, ich muß die halbe Herde schlachten. Ich habe genug Wasser, um eine kleine Wiese grün zu halten, aber ich muß den Regen davon ablenken . . .«

»Carl, das ist eine wundervolle Überraschung!« Janet, Corlies Frau, küßte Loudermilch, und ohne darauf Rücksicht zu nehmen, daß ihr Mann noch mitten in seinen Erklärungen war, führte sie Carl an den Küchentisch und goß ihm, ebenfalls fortwährend redend, Kaffee ein. Loudermilch hatte vergessen, wie schwer es war, in diesem Haus, wo alle gleichzeitig zu sprechen pflegten, zuzuhören.

» . . .Henry, mein Bruder, und seine Frau und ihre drei Kinder sind hier . . .«

». . .werde dir nachher die Milch zeigen und die Kälber. Ich habe noch nie so etwas gesehen . . .«

». . .Bethie ist eine große Hilfe. Sie ist jetzt vierzehn, weißt du. Sie kann auf die Kleinen aufpassen. Mit all den Konservendosen und Einmachgläsern! Ich glaube, Corlie war der erste, der wußte, was wir zu erwarten hatten . . .«

». . . dreimal im letzten Monat. Mit Lastwagen voller Fässer und Tanks. Sie werden mit weiteren Männern zurückkommen, aber Janets anderer Bruder kommt in ein oder zwei Wochen, und natürlich kommt auch Will mit seiner Familie . . .«

Loudermilch sah von einem zum anderen und fragte sich, ob ihnen klar war, daß auch der jweils andere sprach. Er sprang auf und brüllte über beide Stimmen hinweg: »Corlie, wollt ihr mir erzählen, daß ihr alle Familienmitglieder hier versammelt und aus eurem Besitztum eine bewaffnete Festung macht?«

Corlie sah überrascht aus. »Hast du denn überhaupt nicht zugehört? Davon haben wir doch die ganze Zeit geredet!«

»Okay«, sagte Loudermilch mit geringerem Stimmaufwand und setzte sich wieder. »Corlie, was war das mit dem Gras?« Janet wollte etwas sagen. »Janet, du kommst als nächste dran.« Sie grinste ihm zu und füllte erneut seine Tasse.

»Das Gras«, begann Corlie. »Ja, das ist nicht richtig. Es sieht ganz richtig aus, aber versuch mal, es zu brechen. Du weißt doch, wie Gras brechen sollte. Nur tut es das nicht. Es zieht sich wie Gummi oder so etwas, man kann es ganz dünn ziehen, aber es bricht nicht. Ich habe ein halbes Dutzend Kühe auf die Weide gelassen, und die übrigen sind nur im Stall oder auf der kleinen Wiese gewesen, die ich selbst bewässere. Die Kühe, die von dem Gras gefressen haben, haben ihre Kälber ganz richtig gekriegt, aber es sind spindeldürre kleine Dinger, du mußt sie dir ansehen, das heißt, das, was noch davon übrig ist. Vier von sechsen sind gleich gestorben. Die anderen beiden habe ich am Leben gelassen, nur um zu sehen, was daraus wird. Nichts Gutes, das kann ich dir jetzt schon sagen.«

Loudermilch wandte sich an Janet.

»Jetzt bist du dran. Warum ist Bethie hier? Müßte sie nicht in der Schule sein?«

»Nein«, antwortete Janet. »Sie war nicht mehr in der Schule, seit wir keins der Kinder mehr hingehen lassen, und das war Anfang Mai. Das Wasser, das sie dort bekamen, war wie Suppe, Carl. Menschen hätten es gar nicht trinken dürfen. Ich sagte ihnen, sie sollten meine Kinder das verzehren lassen, was ich ihnen mitgab, und sie sollten ihnen keine Milch geben, aber du weißt ja, wie diese Idioten von der Schulleitung sind. ›Wir müssen den Kindern ihren Lunch geben, oder wir werden die staatlichen Zuschüsse verlieren.‹ Da habe ich sie zu Hause behalten. Sie haben uns ein halbes Dutzend Leute auf den Hals geschickt, aber Corlie läßt sie nicht herein. Als nächster wird sicher der Sheriff kommen. Den lassen wir auch nicht herein. Glaubst du, sie werden die Nationalgarde schicken?« Ihre blauen Augen zwinkerten vergnügt.

Später wanderte Loudermilch mit Corlie über die Farm und sah die Kälber, die den Farmer zum Kopfschütteln brachten. Sie waren dürr und aufgequollen. Sie stolperten und fielen oft hin, und sie bewegten sich so, als sei die Schwerkraft beträchtlich gestiegen. Corlie brummte vor sich hin und wandte sich von ihnen ab.

»Die kleine Wiese, die ich bewässern kann, reicht für vier oder fünf Milchkühe, und das ist alles, was ich zu behalten beabsichtige«, erklärte er. »Wir werden den Rest schlachten und das Fleisch einmachen und einfrieren. Das, und der Garten . . . Wir werden schon durchkommen. Wir werden nichts essen, an das das dicke Wasser gekommen ist. Wir haben einen großen Treibstoffvorrat. Aber wir können die anderen mit ihren Lastwagen und Tanks nicht hereinlassen. Ich habe ihnen hundertmal gesagt, daß es gutes Wasser in den Bergen gibt, und sie wollten sich nicht die Mühe machen. Es sei genug Wasser an der Oberfläche, meinten sie. Sollen sie jetzt ihr Oberflächenwasser nehmen. Ich werde sie zurückschlagen, wenn sie hier eindringen wollen.«

Loudermilch blieb den ganzen Tag und ließ sich überreden,

auf der Farm zu übernachten. Er sah zu, wie Corlie die Kühe molk, die auf der verseuchten Weide gewesen waren. Corlie schüttete die zähflüssige Milch weg. Loudermilch spielte eine Weile mit den sieben Kindern, dann sprach er wieder mit Corlie und dessen Schwager Henry. Er lernte auch Henrys halbwüchsigen Sohn kennen, der mit gesenktem Kopf etwas murmelte und gleich darauf wieder verschwand.

»Er baut eine Alarmanlage«, erklärte Henry. »Der Junge versteht von Elektronik mehr als die meisten.«

Bevor Loudermilch zu Bett ging, fragte er Corlie: »Und wenn Leute kommen, die Wasser haben wollen? Was wirst du dann tun?«

»Wir werden versuchen, sie gütlich zum Weggehen zu bewegen. Wenn sie das nicht tun, werden wir schießen.«

Loudermilch stand gemeinsam mit der Jackson-Familie früh auf, und obwohl er gern noch länger am Frühstückstisch gesessen hätte, war ihm klar, daß er diesen schwer beschäftigten Menschen nur im Wege war. Er versprach wiederzukommen, und er hielt Janets Hand einen Augenblick länger in der seinen, als sie erklärte: »Du bist hier zu Hause, Carl. Wenn es schlimmer werden wird . . .«

Auf der Rückfahrt hörte er die Morgennachrichten. An drei Stellen in der Stadt wurde Wasser verteilt. Es hatte Gewalttätigkeiten zwischen Farmern und Städtern gegeben.

Langsam fuhr er durch die Bronx. Vor dem Feuerwehrgebäude standen Leute Schlange. Aus zwei großen Tankwagen wurde Wasser ausgegeben. Ein Streifenwagen stand dabei. Loudermilch beobachtete hauptsächlich die Menschen. Einige Kinder spielten, während ihre Mütter anstanden. Teenager hatten die Gelegenheit genutzt, um die Schule zu schwänzen. Die Frauen trugen Töpfe und Eimer. Bis jetzt war keine Furcht zu bemerken, nur ein bißchen Aufregung. Sie wußten noch nicht, was auf sie zukam . . . Loudermilch hoffte nur, daß in den wasserlosen Gebieten kein größeres Feuer ausbrechen würde.

Im Büro erfuhr er als erstes, daß sein Artikel nicht veröffentlicht worden war. Es durfte nichts gedruckt werden, was die bereits gespannte Situation verschärfen und zu Gewaltätigkeiten führen konnte. Die Regierung hatte eine offizielle Stelle eingerichtet, die alle Nachrichten zensierte und allein berechtigt war, Neuigkeiten über das Polymer und seine Wirkungen bekanntzugeben.

Er schrieb einen Artikel über die Kälber, deren Mütter von dem verseuchten Gras gefressen hatten, und er schrieb jeden weiteren Tag einen neuen Artikel, aber sie wurden nicht gedruckt. Sie wurden an die Regierungsstelle geschickt, und dort verschwanden sie spurlos.

Zwei Wochen nach seinem Besuch auf der Jackson-Farm las er, daß im Orange Country in einem Kampf um Wasser vier Menschen getötet und sieben verwundet worden waren. Keiner der angegebenen Namen war ihm bekannt.

23. Juli

Es blies ein warmer Wind, und die Donado ritt träge vor Anker. Winthrop beugte sich über den Schandeckel und sagte: »Das verdammte Wasser bleibt am Rumpf kleben. Zwei Fuß oberhalb der Wasserlinie sitzt eine zolldicke Schicht. Bestimmt hängt ein zusätzliches Gewicht von fünfhundert Pfund am Rumpf. Verdammtes Zeug.« Er kehrte zurück in das Cockpit und setzte sich.

Gail behielt die Stelle im Auge, wo Brooks getaucht war. »Wenn es zu einer Behinderung wird, können wir es an den Seiten abkratzen.«

»Nun, das Gewicht ist nicht bedeutend. Solange wir nicht überladen sind und kein Wasser aufnehmen, sollte es nichts weiter ausmachen«, antwortete Winthrop.

»Was meinst du, wird ein Sturm kommen?«

»Wahrscheinlich. In einer halben Stunde lichten wir den Anker.«

Plötzlich rief Gail: »Hugh! Sieh mal, die Blasen!«

Winthrop sprang auf die Füße, warf einen Blick auf die Blasen, fuhr mit den Füßen in die Flossen, die an Deck lagen, zog eine Maske über und ließ sich ins Wasser fallen. Er schwamm auf die Blasen zu, nahm die Füße hoch und tauchte gerade nach unten. Brooks lag bewegungslos auf dem Grund. Sein Mundstück war halb herausgerutscht. Blasen strömten aus seinem Mund. Winthrop schob das Mundstück zurück in Brooks' Mund. Mit einer schnellen Handbewegung löste er den Bleigürtel und schoß mit Brooks nach oben. Neben dem Cockpit kam er an die Oberfläche. Er gab Gail Brooks' Hände zu halten, kletterte schnell an Bord und zog Brooks ins Cockpit. Er säuberte seinen Mund, doch bevor er mit Wiederbelebungsversuchen anfangen konnte, schlug Brooks mit den Armen um sich und versuchte, sich aufzusetzen. Er blickte wild um sich.

Winthrop und Gail warteten, bis Brooks wieder ganz bei sich war. »Möchte doch wissen, warum das passiert ist«, sagte Brooks. »Dasselbe wie mit Gail vor zwei Monaten.«

»Sie sahen ein bißchen blau aus, bevor Sie das Bewußtsein wiedererlangten«, informierte Winthrop ihn.

»Tatsächlich?«

»Ja. Sagt Ihnen das etwas?«

Brooks sah ihn an. »Sie meinen Anoxie? Daß mein Blut sich verdickt?«

»Scheint mir eine vernünftige Annahme zu sein. Was meinen Sie?«

»Ich weiß nicht, aber ich kann mir nicht denken, daß es an dikkem Blut liegen soll.«

Winthrop sah Brooks weiter an, ohne ein Wort zu sprechen. Bald begann Brooks, unbehaglich hin und her zu rutschen, und schließlich platzte er heraus: »Ich weiß es nicht, habe ich gesagt, und Sie wissen es auch nicht. Sitzen Sie nicht so da, als wüßten Sie alle Antworten. Sie wissen es nicht, Sie raten nur!« Er sprang auf, schüttelte drohend die Faust gegen das Wasser und schrie: »Verdammt, verdammt sollst du sein, verdammt, verdammt!«

Und dann taumelte er auf seinen Sitz zurück und rang nach Atem.

Mit einem Satz war Gail bei ihm und zwang ihn, sich zurückzulehnen. Unter seiner Sonnenbräune war er sichtlich blau. Es dauerte eine Minute, bis sein Atem leichter ging. Winthrop starrte ihn immer noch an, und dann richtete Brooks sich auf und starrte zurück. »Also gut. Sie könnten recht haben. Ich hätte eben beinahe wieder das Bewußtsein verloren. Es könnte aber auch Kurzatmigkeit sein. Also was nun?«

Winthrop zählte auf: »Keiner darf mehr allein tauchen. Keiner darf sich mehr anstrengen. Sie und Gail sind wahrscheinlich in schlechterer Verfassung als ich, und bei Ihnen ist es schlimmer als bei Gail. Sie werden sich mit der Tatsache abfinden müssen, daß Sie, bis wir eine Lösung gefunden haben – *falls* wir eine Lösung finden –, Ihr Leben ändern müssen. Alles muß besser geplant werden, um jede Anstrengung zu vermeiden. Sie können vor Aufregung das Bewußtsein verlieren. Verstehen Sie, was ich meine?«

Brooks nickte düster. »Ich verliere meine Arbeitsfähigkeit gerade dann, wenn ich sie am nötigsten brauche.«

»Ja. Und so wird es den meisten Menschen auf der ganzen Welt gehen. Die alten Zeiten sind vorbei.« Winthrop stand auf und blickte über die höher werdenden Wellen hin. »Je eher wir die Tatsache akzeptieren, daß die Welt sich verändert hat, desto besser für uns. Die Menschheit kann nur mit neuen Wegen, neuen Gedanken, neuen Verhaltensweisen überleben. Wir passen uns an, oder wir sterben. So einfach ist das.«

»Ach was, so schlimm ist es nicht«, widersprach Brooks. »Das Wasser ist dicker geworden, das ist alles. Wir werden irgendwie damit fertig werden. Sie werden sehen, alles wird sich wieder normalisieren.«

»*Sie* sind nicht normal, oder? Haben Sie einen Beweis dafür, daß Sie es je wieder sein werden?«

Brooks setzte zu einer Erwiderung an, aber Gail legte ihm eine Hand auf die Schulter. Er sah sie an und verstummte.

Bald darauf fuhren sie zurück. Brooks half Winthrop, ein gerefftes Hauptsegel und den Sturmklüver zu setzen. Winthrop stellte den Motor an, damit Gail den Anker lichten konnte. Dann stellte er den Motor wieder ab.

Es war eine schlimme Fahrt, obwohl Winthrop inzwischen gelernt hatte, mit den neuen Wellen umzugehen. Die kurzen, steilen Wellen trafen die Donado steuerbords am Bug und überfluteten das Deck, wo das Wasser nach kurzer Zeit steif wurde. Es gab kein Gischt, keine weißen Schaumkronen. Sie beobachteten, wie die Schicht, die sich an Steuerbord ansetzte, immer dicker wurde. Brooks bemerkte: »Es ist thixotroper denn je.«

»Was heißt thixotrop?« fragte Gail.

»Das ist eine Eigenschaft von Flüssigkeiten, die sie in bewegtem Zustand dünnflüssig und in unbewegtem steif macht.«

Da Gail ein verwirrtes Gesicht zeigte, setzte Winthrop hinzu: »Eine gute Farbe muß thixotrop sein. Sie läßt sich leicht verteilen, solange man sie mit einem Pinsel bearbeitet, aber sobald man damit aufhört, wird sie dick und läuft nicht an senkrechten Flächen hinunter.« Gails Gesicht erhellte sich, und sie nickte.

Bevor sie die halbe Strecke zurückgelegt hatten, machte sich das Gewicht des Wassers bemerkbar, das an der Donado kleben blieb. Der Bug wurde schwerer und nahm noch mehr Wasser auf. Je weiter der Bug eintauchte, desto mehr Wasser rann über die Seitendecks. Die Krängung des Boots änderte sich; es wurde schwerfällig. Schließlich schüttelte Winthrop den Kopf. »Wir müssen das Wasser wegbekommen. Noch eine halbe Stunde, und wir sinken. Gail, nimm das Ruder.«

Während Gail steuerte, stieß Winthrop das Wasser mit einem Schrubber über Bord. Das war eine harte Arbeit, denn wenn er auf das steife Wasser trat, wurde es unter seinen Füßen dünn und schlüpfrig. Die Wellen lagerten ebenso schnell neues Wasser ab, wie er es entfernen konnte. Er schaffte es nicht. »Gail, fall ab!« rief er. »Dreißig Grad Nord.« Gail fiel ab, und nun trafen die Wellen das Boot breitseits. Die Donado rollte sehr, und nur die stabilisierende Wirkung ihrer Segel verhinderte das Kentern.

Winthrop fuhr fort, das Wasser wegzuschrubben. Jetzt machte er Fortschritte. Nach zwanzig Minuten kam er zum Cockpit zurück. Die Decks waren beinahe sauber. »Wie Eis«, erklärte er. »Es ist gerade so, als ob sich auf einem Schiff bei sehr kaltem Wetter Eis ansammelt. Man muß es entfernen, oder das Schiff wird sinken. Das wird ein großes Problem für kleine Schiffe in der ganzen Welt werden.«

Er übernahm das Ruder wieder und hielt den Kurs. Sie kamen auf die Leeseite von New Providence Island, und die Wellen wurden kleiner, aber als Winthrop sich nach Coral Harbor durcharbeiten wollte, setzte sich von neuem Wasser an. Einmal machte Brooks den Versuch, Winthrop beim Entfernen des Wassers zu helfen. Doch nach zehn Minuten drohte ihm eine Ohnmacht. Als sie endlich in den Kanal von Coral Harbor einliefen, war Winthrop erschöpft. Sie legten an, spritzten die Donado mit frischem Wasser ab und benutzten einen Gummiquetscher, um das steifgewordene frische Wasser zu entfernen. Dann saßen sie alle drei zusammen im Cockpit und tranken schweigend kaltes Bier.

»Zeit, Loudermilch anzurufen«, sagte Winthrop. »Ich muß ihn über die neuesten Entwicklungen informieren.« Er warf Brooks einen Blick zu und erwartete einen Widerspruch, aber Brooks meinte: »Machen Sie nur. Sie scheinen bei einigen Ihrer Schlußfolgerungen durchaus recht zu haben, und schaden kann es ja nicht.«

Winthrop nickte und begab sich ans Funkgerät. »Zwei Neuigkeiten für Sie, Carl, eine gute und eine schlechte. Die PON-Gallerte hat vielleicht noch eine weitere Wirkung auf Lebewesen, abgesehen davon, daß ihr Blut dicker wird. Ich weiß noch nicht, um was es sich dabei handelt, aber die Fische werden langsamer. Das ist die schlechte Nachricht. Die gute ist, daß keine weiteren Fische mehr sterben. Sie scheinen sich angepaßt zu haben.«

»Ich verstehe«, antwortete Loudermilch. »Ich werde versuchen, einige der Laboratorien dafür zu interessieren, daß sie die anderen Effekte, die Sie erwähnten, untersuchen.«

»Und, Carl, denken Sie einmal über folgendes nach: Meiner Meinung nach wird die Welt und alles, was auf ihr lebt, nie mehr wie früher sein.«

»Sind Sie wirklich davon überzeugt?«

»Ja. Die Menschen werden nicht mehr so arbeiten und so reisen können wie sonst. Nun, Sie können sich das selbst ausmalen, wahrscheinlich besser, als ich es kann.«

Die beiden sprachen noch eine Viertelstunde miteinander und tauschten ihre Gedanken aus. Winthrop schloß: »Carl, ich hatte die Absicht, Sie zu drängen, nach Nassau zurückzukommen, aber jetzt glaube ich, daß Sie zuerst da, wo Sie sind, wichtige Arbeit zu erledigen haben. Sie müssen so viele Leute wie möglich über unsere Entdeckungen informieren. Sie könnten versuchen, die Regierung dazu zu bewegen, daß sie ein paar Wissenschaftler herschickt, damit wir ihnen den neuesten Stand der Dinge bekanntgeben und sie überzeugen können. Das mag von Nutzen sein. Wenn Sie das alles getan haben, kommen Sie wieder zu uns.«

Am anderen Ende der Leitung herrschte Schweigen. Dann war Loudermilchs Stimme zu hören: »Danke, Hugh. Ich stimme Ihnen vollständig zu. Ich werde mein Bestes tun. Bleiben Sie in Verbindung.«

Danach hörten sie sich die neuesten Nachrichten aus den Vereinigten Staaten an. In Cleveland und Camus hatte es Wasser-Aufstände gegeben, und es wurden Spekulationen darüber angestellt, welche Folgen die Wasserknappheit in Zukunft haben würde. In einer Werbung für eine Handlotion hieß es, diese Lotion könne das Wasser ersetzen. Der Nachrichtensprecher meldete sich wieder zu Wort und berichtete, daß am Vortag mehrere hundert Menschen in den USA an Überanstrengung gestorben seien. Zwei Dutzend dieser Todesfälle waren in Großstädten vorgekommen, und es sei eine Autopsie durchgeführt worden. Die Diagnose: histotoxische Hypoxie – Sauerstoffmangel im gesamten Körpergewebe.

14. August

Der August schlug New York mit drückender Hitze, die von Tag zu Tag schlimmer wurde, bis auf den Gesichtern der Menschen nichts mehr zu sehen war als Verzweiflung und auf den Straßen nichts mehr als Dreck. Es fuhr kaum noch ein Auto, denn das Kühlwasser wurde regelmäßig gestohlen.

Carl Loudermilch, der zu einer wichtigen Versammlung im UN-Gebäude wollte, triefte von Schweiß, als er aus dem überfüllten Bus stieg. Er fragte sich, ob er ebenso schrecklich roch wie die anderen Leute, die seit dem Frühjahr nicht mehr gebadet hatten. Er hoffte, es sei nicht der Fall. Da er in seiner Wohnung einen eigenen Destillierapparat und den Hudson vor seinen Fenstern hatte, ging es ihm besser als den meisten.

Die UN-Versammlung begann mit einer Stunde Verspätung. Der Generalsekretär hatte im geheimen mit dem amerikanischen Präsidenten und den Botschaftern von Großbritannien, der UdSSR, Frankreich, Japan, Indien und anderen Ländern getagt.

Der Generalsekretär verschwendete keine Zeit. Er kündigte eine Ansprache des amerikanischen Präsidenten an, sobald dies nach den Gebräuchen der UN möglich war. Diese Ansprache wurde über Fernsehen übertragen.

»Meine Damen und Herren, ich wende mich heute an jeden Mann, jede Frau und jedes Kind auf unserer geschlagenen Welt. Die Menschheit steht einer Bedrohung gegenüber, wie sie in der Geschichte noch niemals dagewesen ist. Auf jedem Kontinent, in jedem Land ist jedes einzelne Lebewesen vom Hungertod bedroht. Bei einer Katastrophe solchen Ausmaßes kann es keine nationalen Grenzen mehr geben. Es gibt keine reichen und keine armen Staaten mehr. Wir sind nur noch ein Volk auf dieser Erde, das der völligen Vernichtung gewärtig sein muß. Als ein Volk müssen wir danach streben, die Natur der Substanz, die auf die Erde gefallen ist, zu ergründen.

Im Namen des Volkes der Vereinigten Staaten von Amerika schlage ich das folgende Programm vor, und ich bitte Sie alle dringend, Sie, die in diesem Saal oder vor dem Fernsehgerät sitzen, Sie, die es in den Zeitungen lesen werden: Halten Sie sich, wenn Sie über dies Programm nachdenken, stets vor Augen, daß unsere Erde innerhalb eines Jahrzehnts jeden Lebens beraubt sein kann.«

Loudermilch seufzte und lehnte sich zurück. Ihm wurde schwach bei dem Gedanken, daß es jetzt ausgesprochen war. Endlich hatte es jemand öffentlich verkündet, und es gab keine Möglichkeit, diese Worte ungesagt zu machen, keine Möglichkeit, den Schock, den sie für Millionen von Menschen bedeuten mußten, zurückzunehmen. Er machte sich Notizen – nicht über die Programmpunkte, die der Präsident jetzt verlas, denn die würden nachher in gedruckter Form verteilt werden, sondern über die Reaktionen der Delegierten und der Besucher.

Er bemerkte, daß eine Reporterin, die zwei Plätze von ihm entfernt saß, weinte, während sie ihren Notizblock bekritzelte. Seine Aufmerksamkeit wurde erregt durch das Glitzern einer übergroßen Träne, die ihr in unnatürlicher Weise über die Wange lief. Er wandte den Blick zu der russischen Delegation hinüber. Dort zeigte niemand Überraschung, nur die tiefe Betroffenheit, die auch das Gesicht des Präsidenten zeichnete. Bei den meisten anderen Delegierten war es das gleiche. Die einzelnen Regierungen mußten im geheimen und im vorhinein bereits alles gebilligt haben.

Die Programmpunkte waren sehr einfach: Eine Kommission sollte eine Inventur der verfügbaren Lebensmittel aufnehmen und ein Verteilungssystem ausarbeiten. Eine zweite Kommission sollte die PON-Gallerte studieren und so bald wie möglich Unternehmungen ins Leben rufen, durch die ihre Wirkungen neutralisiert oder das Wasser der Erde von ihr befreit werden konnte.

Weitere Vorschläge folgten. Da gab es die ernsten Gesundheits- und Sanitätsprobleme, die Errichtung von Destillieranlagen, eine Sicherstellung der bestmöglichen Landbebauung . . .

Es ging noch lange so weiter. Der Ansprache des amerikanischen Präsidenten folgten solche der wichtigsten Botschafter. Die Versammlung würde die ganze Nacht hindurch tagen, und am nächsten Morgen sollte ein Votum abgegeben werden. Wesentliche Unstimmigkeiten waren nicht zu erwarten.

Loudermilch verließ das UN-Gebäude vor dem Schluß. Einen nationalen Notstand hatte der Präsident nicht erklärt. Immer noch gab es nichts weiter als Gerede und Kommissionen. Er ging zu Fuß nach Hause. Die Busse fuhren nicht mehr. Die Hitze hatte noch nicht nachgelassen. Kein Lüftchen wehte. Über der City hing eine unnatürliche Stille. Obwohl sich viele Menschen auf den Feuertreppen und den Stufen vor ihren schmutzigen Wohnungen aufhielten, waren sie still, als seien sie alle in Trauer, sogar die Kinder.

Er schritt die Lexington Avenue bis zur 36. Straße hinunter und wandte sich nach Westen. An einer Stelle hatte vor kurzem ein Feuer gewütet. Ein Wohnblock war bis auf den Grund niedergebrannt, und was übriggeblieben war, hatte man mit Wasser aus dem East River verwüstet. Im Falle eines Feuers gab es nur zwei Möglichkeiten. Man konnte es brennen lassen, bis es von selbst aufhörte, oder man konnte es mit Flußwasser löschen und den Schaden, den das vergiftete Wasser anrichtete, in Kauf nehmen. Hier hatte man anscheinend beides gleichzeitig getan. Das Gebiet würde noch lange stinken, zumindest bis der nächste Sturm durch die geschwärzten Ruinen fuhr. Schmutzige Kinder spielten glücklich in den Trümmern. Loudermilch ging schneller. Er versuchte, nicht an Typhus und Diphterie und Hepatitis zu denken.

Vor einer Schule standen Männer und Frauen nach Wasser an. Er lechzte nach einem Schluck, auch wenn es das viskose Zeug war, das an sie verteilt wurde. Doch er blieb nicht stehen. Es waren schon Menschen umgebracht worden, weil sie das Wasser eines anderen haben wollten, und es würden noch viele aus demselben Grund sterben müssen. Er keuchte, als sei er lange Zeit Treppen hochgestiegen. Deshalb wurde er langsamer, als er die Wasserverteilungsstelle hinter sich hatte. Übrigens hätten ihm die Verteiler auch keinen Tropfen gegeben. Er hatte nicht die richtige Karte. Jedes Gebiet hatte seinen eigenen Kode, und seiner wurde nirgendwo anders akzeptiert als an der Ecke der 95. Straße und des Riverside Drive. Loudermilch war bis jetzt noch nicht dort gewesen. Er hatte sich mit dem Wasser begnügt, das er selbst aus dem Fluß destillierte.

Endlich erreichte er den Central Park. Er taumelte vor Benommenheit. Er setzte sich ins Gras, beugte den Kopf zwischen die Knie und wartete, bis der Anfall vorüber war. Mit Grauen dachte er an die lange Wegstrecke, die noch vor ihm lag.

Nach zehn Minuten ging er langsam weiter. Im Park war es kühler, und das war eine Wohltat. Außerdem begann es, dunkel zu werden. Er zögerte. Sollte er im Dunkeln den Park durchqueren? Schulterzuckend ging er weiter. Es machte nicht allzuviel aus, wenn er überfallen und erstochen wurde. Solche Gedanken, wurde ihm plötzlich klar, rührten von seiner Benommenheit her. Damit wurde ihm besser, und er bemerkte, daß sich noch mehr Menschen im Park aufhielten.

Ein Kind tauchte neben ihm auf, ein kleines Mädchen, nicht älter als zwölf oder dreizehn. Sie umklammerte seinen Arm, ging neben ihm her und drehte sich so, daß sie teilweise vor ihm war.

»Mister, haben Sie Wasser? Destilliertes Wasser?« Sie sah sich hastig um, dann riß sie ihr zerlumptes Kleid auf, um zu zeigen, daß sie darunter nackt war. Sie war ein Kind, dachte er wieder. Noch keine Brüste, noch kein Schamhaar. Ihre Hüftknochen waren so messerscharf, als könnten sie bei einer plötzlichen Bewegung durch die gespannte Haut dringen.

»Geh nach Hause, Kind«, sagte er müde. »Ich habe nichts für dich.«

Sie spuckte ihn an und verschwand beinahe augenblicklich im Unterholz. Er hätte sich übergeben mögen.

Allmählich merkte er, was ihm an dem Park so seltsam vorkam. Er war seit Jahren nicht mehr hier gewesen, und damals war es ein Wagnis gewesen. Niemand konnte erwarten, von einem Ende bis zum anderen zu gelangen, ohne angepöbelt, niedergeschlagen, beraubt oder sonstwie angegriffen zu werden. Jetzt war es etwas anderes. Männer, Frauen und Kinder wanderten langsam über die Wege. Nirgendwo war eine schnelle Bewegung zu entdecken. Angst schienen sie alle nicht zu haben. Am ersten Teich blieb Loudermilch stehen und beobachtete einige Jungen, die Eimer mit Wasser füllten, sie an Tragstangen hängten und mit ihrer Last davongingen. Offensichtlich hatten sie eine neue Erwerbsmöglichkeit entdeckt. Als sie ein Polizeimotorrad hörten, schlugen sie sich in die Büsche.

Als Loudermilch ein paar Halbwüchsige entdeckte, die mit Butterbroten und Flaschen unbestimmten Inhalts am Ufer lagerten, überfiel ihn ein schreckliches Hungergefühl. Er machte einen großen Bogen um die Gruppe und legte einen Schritt zu. An der 96. Straße verließ er den Park und ging durch dunkle Straßen in Richtung des Hudson weiter. Er hoffte, die Stromsperre würde aufgehoben werden, wenn er zu Hause anlangte. Für seinen Destillierapparat hatte er einen Alkoholbrenner, aber er hatte gehofft, seinen Alkoholvorrat für die Zeit aufsparen zu können, wo elektrischer Strom noch knapper sein würde als heute. Würde er den kommenden Winter in der Stadt verbringen? Wahrscheinlich ja. Er wollte bis zum Ende dabeisein oder bis zu dem Zeitpunkt, wo es keinen Zweifel mehr daran gab, wie das Ende aussehen würde. Und dann?

Janet hatte gesagt, er könne auf die Jackson-Farm kommen. Doch das würde er nicht tun. Es mochte ihnen gelingen, die örtlichen Behörden fernzuhalten, aber früher oder später würde die Regierung des Staates eingreifen und konfiszieren, was sie hatten. Und bis dahin brauchten sie alles für sich selbst, besonders, da die ganze Familie dort zusammenströmte. Er wußte, daß Janet zwei Brüder und eine Schwester hatte, und Corlie hatte zumindest einen Bruder. Ihm behagte die Vorstellung nicht, mit ihnen und allen ihren Kindern auf der Farm in der Falle zu sitzen. Er hatte noch andere Freunde und sogar einige Verwandte, aber er bezweifelte, daß es einem von ihnen besserging als ihm augenblicklich. Sehnsüchtig dachte er an das schöne Boot, die Donado, die anmutig über die azurblauen Wasser der Bahama-Riffe glitt, und er wußte, wo er gern sein würde.

Er war noch ein Dutzend Häuserblocks vom Hudson entfernt, und doch konnte er ihn schon riechen.

Als Loudermilch seine Wohnung im fünften Stock des Gebäudes betrat, war seine Kleidung schweißdurchtränkt, und seine Füße brannten wie Feuer. Müde zog er saubere Sachen an und ging noch einmal mit zwei Eimern fort. Er füllte sie mit dem ekligen Wasser und versuchte, die Luft anzuhalten, bis er sich von dem stinkenden Fluß entfernt hatte. Seine Arme schmerzten von den Eimern, ehe er noch die Straße überquert hatte. Beinahe wäre ihm entgangen, daß ihm zwei Männer folgten. Vor dem Eingang seines Hauses blieb er stehen und sah sich hastig nach Hilfe um. Auf der dunklen Straße war niemand in Sicht. Die beiden Schatten, die er aus dem Augenwinkel erblickt hatte, waren verschwunden. Er wußte Bescheid über die Aasgeier, die Leute verfolgten, die vergiftetes Wasser trugen. Sie pflegten sie bewußtlos zu schlagen und ihre Destillierapparate zu stehlen. Vor zwei Wochen erst war er ihnen knapp entkommen. Falls es heute wieder dieselben Männer waren, verfolgten sie eine andere Taktik. Sie blieben in sicherer Entfernung. Wahrscheinlich hofften sie, ihn auf der Treppe oder vor seiner eigenen Tür erwischen zu können, was ihnen die Suche ersparen würde. Loudermilch mußte sich eingestehen, daß er mit seinen Eimern in den Händen im Nachteil war. Er trat ins Haus und wandte sich der Treppe zu. Die Räuber mußten die Tür verkeilt haben, so daß sie sich nicht mehr automatisch schloß. Aber die zweite Tür, die zum Treppenhaus führte, war in Ordnung, und sobald Loudermilch sie hinter sich hatte, stellte er seine Eimer ab und schlich sich mit einem Revolver vom Kaliber 0.38 zurück. In dem Augenblick, als er vor der Haustür gestanden hatte, war ihm gar nicht eingefallen, daß er die Waffe bei sich trug.

Die Haustür ging ganz langsam auf, und es fielen vier Schüsse aus einer Waffe mit Schalldämpfer. Loudermilch schoß zurück, ohne nachzudenken, und jemand schrie auf und fiel hin. Der zweite Mann rannte davon. Der Verletzte krümmte sich auf dem Boden und wimmerte. Fluchend blieb Loudermilch eine Sekunde bei ihm stehen. Dann trat er wieder auf die Straße und ging zu der Notrufsäule an der Ecke. Er meldete den Vorfall, gab seine Anschrift an, kehrte zurück, ergriff seine beiden Eimer und ging in seine Wohnung. Den Mann ließ er liegen. Es gab nichts, was er für ihn tun konnte. Der Räuber war bewußtlos, und nur mit einem Streichholz als Beleuchtung konnte Loudermilch nicht einmal feststellen, wo er getroffen war.

Für die Polizeibeamten, die eine halbe Stunde später eintrafen, war es ein alltäglicher Vorfall. Dem Burschen fehle nichts Ernstliches, teilte einer von ihnen mit, aber wahrscheinlich würde er im Gefängnis sterben. Schlimme Sache das mit den Epidemien in den Gefängnissen.

Kurze Zeit darauf ging das Licht an. Loudermilch konnte seine Klimaanlage einschalten und sich Essen machen. Er kochte Kaffee, destillierte das Wasser für den nächsten Tag und machte sich an seinen Artikel. Er glaubte nicht daran, daß die Maßnahmen, die die Vereinten Nationen treffen wollten, noch rechtzeitige oder ausreichende Hilfe schaffen würden, aber diesen Gedanken behielt er für sich. Er schrieb nur, daß die Situation immer schlimmer werden würde, bis die Regierung den nationalen Notstand erklären und, wenn notwendig, Truppen einsetzen würde.

Als seien die Schüsse in Loudermilchs Hauseingang ein Signal gewesen, brach in dieser Nacht in der Stadt die Hölle los. Eine zu lange andauernde Hitzeperiode, die Nervosität, die eine erzwungene Untätigkeit mit sich brachte, das faulige Wasser, die Hoffnungslosigkeit der Menschen, denen die Ansprache des Präsidenten keinen Trost gegeben hatte, alles trug dazu bei.

Nicht mehr unter Kontrolle zu bringende Brände entstanden in Queens und in Harlem. Die Bowery war voller plündernder, zerstörender Halbwüchsiger. Eine Bande verzweifelter Männer überfiel eine Lastwagenkolonne, die Wasser in die ausgedörrte

Stadt bringen sollte, warf sieben von zehn Wagen um und raubte die kostbaren Wassertanks der restlichen drei. Drei der Männer blieben tot zurück, erschossen von bewaffneter Polizei, aber auch die Polizei hatte zwei Tote und vier Verwundete zu beklagen.

Während der ganzen Nacht wütete die Gewalt in der City, und im Morgengrauen wurden die oberen Stockwerke der Wolkenkratzer von einer Rauchwolke verdunkelt. Die Krankenhäuser, die den Verlust ihrer Generatoren und Destillationsanlagen fürchteten, hatten Polizeischutz verlangt. Sie konnten keine Patienten mehr aufnehmen und wiesen jeden ab, ob es sich nun um eine Geburt oder eine Blinddarmentzündung handelte. Es gab keine Betten und auch auf den Fluren keinen Platz mehr.

Die Hitze dauerte weiter an. Das war jetzt schon die dritte Woche, und es gab keine Hoffnung auf Regen, keine Hoffnung auf eine Änderung. Räuberbanden zogen den ganzen Vormittag umher. Mittags wurde der Notstand erklärt, und die Nationalgarde rückte ein.

19. September

Loudermilch fuhr langsam. Der alte Volkswagen, Baujahr 1954, mußte vorsichtig behandelt werden. Die Landstraße war so gut wie leer. Ein von einem Pferd gezogener Heuwagen sah seltsam fehl am Platze aus. In der Morgenluft war schon ein Hauch von Herbst, der sich hier auf dem Land eher zeigte als in der Stadt. Die Ahornbäume begannen, sich rot und orange zu verfärben, und entlang der Straße flammte der Sumach. Mais- und Weizenfelder waren braun und reif zur Ernte, und in den Obstgärten saßen die Bäume voller Äpfel. Ein gutes Jahr. Loudermilch lachte bitter.

Erst gestern abend hatte er über die neue Ernte und ihre Wirkungen geschrieben. »Nach dem Genuß von Getreide und Getreideerzeugnissen aller Art sowie von Kartoffeln müssen Sie sich wenigstens eine, besser zwei Stunden hinlegen. Dann kann Ihr Körper die PON-Gallerte mit dem Urin ausscheiden . . .«

Jeden Tag gaben die Gesundheitsbüros der Vereinten Nationen die neuesten Entdeckungen bekannt, aber leider gab es zu viele Nachrichten, und die Forschungsergebnisse widersprachen sich. Es galt nicht nur die Art des Nahrungsmittels zu beachten, sondern auch das Gebiet, auf dem es erzeugt worden war, die Regenmenge und die Bodenzusammensetzung. Was auf dem einen Boden gut war, konnte auf einem anderen giftig sein. Weintrauben aus dem oberen New York waren als ungeeignet für den Verbrauch erklärt worden, aber Weintrauben aus dem unteren New York und aus anderen Staaten konnten ohne böse Folgen gegessen werden. Die schlechten Weintrauben sollten an Ort und Stelle vernichtet werden, aber als ihre Wirkungen entdeckt wurden, war es dazu bereits zu spät. Sie befanden sich schon auf dem Markt, und kein Mensch konnte Weintrauben aus dem einen Gebiet von Weintrauben aus dem anderen Gebiet unterscheiden.

Und so weiter.

Aber die Felder und die Obstbäume sahen schön aus. Loudermilch bog von der Landstraße ab in die Hügel und kam über eine kleine Brücke. Als er sie überquert hatte, hielt er den Wagen an, stieg aus und ging zu dem Bach hinunter. Das Wasser rann dunkel und klebrig über die Felsen, ohne einen Spritzer, ohne das liebliche Plätschern, das hätte zu hören sein müssen. Statt dessen gab es nur ein dumpfes Platschen. Das war das einzige Geräusch. Loudermilch vermißte die Vogelstimmen. Er lehnte sich an einen Baum und wartete, aber er vernahm nichts. Ob alle Vögel schon tot waren? Er fühlte sich sehr müde. Langsam kletterte er das Ufer wieder hoch und stieg in seinen Wagen. Er blieb ruhig sitzen, bis sein Herzklopfen sich beruhigt hatte. Dann fuhr er weiter zu Corlies Farm.

Auf der Privatstraße, die zu der Farm führte, wurde er zweimal angehalten, einmal gleich hinter der Abzweigung von der Staatsstraße und das zweite Mal da, wo auch bei seinem Besuch im Juni die Barriere gewesen war. Die Jungen, die dort Wache hielten, kannte er nicht. Als er das Haus erreichte, war er entsetzt über Corlies Aussehen. Corlie hatte abgenommen, und seine Augen hatten einen gehetzten Blick. Er trug den linken Arm in einer Schlinge.

»Ich freue mich, dich zu sehen«, erklärte er einfach und schüttelte Loudermilch mit der alten Kraft die Hand. Loudermilch sah eine schwarze Brandspur, die sich über die Felder bis dicht an den Stall zog. Corlie wies grimmig dorthin. »Sie versuchen es immer wieder. Das war letzte Woche. Rollten einen Kanister mit brennendem Öl den Abhang hinunter.«

Die schwarze Spur begann oben auf dem Berg, wo Bäume Deckung boten, und breitete sich von einem schmalen Strich fächerförmig aus, bis sie beinahe das ganze Feld bedeckte.

»Sie wissen, daß sie nicht an das Wasser herankommen können. Deswegen denken sie sich ständig etwas Neues aus«, sagte Corlie. Schweigend führte er Loudermilch ins Haus. Drinnen begrüßte Janet ihn mit einem Kuß. Auch sie hatte sich verändert. Bei ihr in der Küche waren zwei weitere Frauen, Elaine und Wanda, ihre beiden Schwägerinnen. Sie hatten Äpfel geschält. Janet goß Kaffee ein und setzte sich wieder auf ihren Stuhl.

»Wir haben die drei Bäume, die gut sind«, stellte sie sachlich fest. »Wir machen die Äpfel in Dosen ein und kochen Gelee aus den Schalen und Kerngehäusen.«

»Ich habe euch etwas mitgebracht«, sagte Loudermilch. »Es ist im Wagen. Alles von . . . früher. Es ist gut.« Er fügte nicht hinzu, daß er es aus einer Wohnung gestohlen hatte, deren Eigentümer einen Nahrungsmittelvorrat für fünf Jahre gehamstert hatte. Ebensowenig erwähnte er, daß er den Bewohner tot im Flur gefunden, seinen Schlüssel genommen und die Wohnung ausgeräumt hatte, noch bevor er den Tod meldete. Niemand fragte, woher er es hatte. Es waren zwei Kisten mit Thunfisch, zwei Fünfpfundsäcke mit Salz, vier Beutel mit je fünfundzwanzig Pfund Zucker, zwanzig Dosen Kaffee. Mehr hatte er in dem kleinen Wagen nicht unterbringen können, und er hatte es so verstauen müssen, daß es niemand sehen konnte. Zwischen die Nahrungsmittel hatte er Draht, Batterien und Röhren verpackt. Janet küßte ihn noch einmal. Sie hatte Tränen in den Augen und wandte sich schnell ab.

»Du und Corlie setzt euch jetzt hin und unterhaltet euch«, befahl sie. »Sorg dafür, daß er sitzenbleibt, Carl. Er muß sich schonen.«

Sie setzten sich auf die schattige Veranda, und Corlie begann zu erzählen. »Es wird noch schlimmer werden, nicht wahr? Wir hören jeden Tag die Nachrichten, und das, was verschwiegen wird, ist wichtiger als das, was gesagt wird. Das weißt du doch.« Seine Stimme klang tonlos, und er hatte einen gequälten Gesichtsausdruck. »Ich weiß nicht, was ich tun soll, Carl. Gott helfe mir, ich weiß es nicht. Da draußen sind hungrige Kinder, Babys. Und ich habe Essen.«

Das Echo einer Explosion wurde von den Hügeln hin und her geworfen. Loudermilch sah Corlie fragend an.

»Sie suchen unter den Bergen nach dem Wasser«, erklärte dieser.

Beide schwiegen mehrere Minuten lang. Der Menschheit drohte der Tod durch Verdursten. Überall wurden tiefe Brunnen gegraben, mit wahnsinniger Eile wurden Destillieranlagen gebaut, kleine Destilliergeräte wurden zu Tausenden produziert. Aber die Menschen konnten nur für kurze Zeit arbeiten, und während sie arbeiteten, brauchten sie den kostbaren Stoff, den sie zu erzeugen versuchten, nicht nur für ihren eigenen Bedarf, sondern auch für die Fabriken, die Metall und Glas und Beton herstellten. Es war ein Rennen, bei dem es fraglich war, ob die Menschheit es durchhalten, geschweige denn gewinnen konnte. Eine zweite Explosion erschütterte das Haus und hallte in den Bergen wider.

»Sie werden das Wasser, das es dort gibt, verderben«, sagte Corlie. »Sie öffnen die Erde und lassen den Regen heran. Das ist alles, was sie erreichen.«

»Hast du schon eine Destillieranlage aufgebaut?«

Corlie nickte. »Wir kommen zurecht. Wir sind fünf Männer, drei Frauen und fünfzehn Kinder. Wir haben vier Milchkühe und eine Menge eingemachte und gefrorene Lebensmittel. Die gefrorenen verbrauchen wir zuerst, denn die nützen uns nichts mehr, wenn der Generator versagt, und das wird er.«

Loudermilch hätte ihm gern gesagt, er tue das, was er tun müsse, indem er seine eigene Familie rette. Die Worte kamen ihm nicht über die Lippen. Corlie wußte das, und doch quälte ihn sein Gewissen. Loudermilch fragte: »Was ist mit deinem Arm passiert?«

»Rippenbruch. Schuß in die Seite. Kugel ging durch, Gott sei Dank.«

Loudermilch aß mit der Familie zu Abend. Man drängte ihn, vor dem Dunkelwerden abzufahren.

»Ich bleibe bis morgen früh«, erklärte Loudermilch. »Vielleicht kann ich euch helfen . . . Ich war im Zweiten Weltkrieg ziemlich gut beim Wachdienst.«

Corlie grinste. »Wie ich mich erinnere, warst du auch ziemlich gut beim Schießen.«

Das Verteidigungssystem war die Einfachheit selbst, erläuterte Corlie nach dem Essen. »Wir haben die Walkie-talkies, und wir haben die ganze Nacht eine Patrouille auf Fahrrädern draußen. Auf diese Weise kann das ganze Grundstück ohne Geräusch abgefahren werden. Wenn jemand durch die elektrischen Augen kommt, brauchen die Wachtposten kein Wort zu sagen. Wir haben alle den Morse-Kode gelernt, und auf den Walkie-talkies sind Schlüssel. So erfahren wir sofort, wo etwas los ist, und wir können in einer oder zwei Minuten dort sein.« Er grinste wieder. »Sie müssen sich die Köpfe zerbrechen, wie wir es möglich machen, überall gleichzeitig zu sein, denn so muß es ihnen vorkommen.«

Da Loudermilch mit dem Gelände nicht vertraut war, wurde er von Mitternacht bis drei Uhr morgens an die Straße postiert. Es war unwahrscheinlich, daß Eindringlinge die Straße benutzen würden, aber wenn er auf der Staatsstraße einen Personen-

oder Lastwagen entdeckte, sollte er es sofort melden. Ohne Transportmittel konnte kein Wasser weggeschafft werden.

An diesem Punkt ergänzte Corlies Bruder: »Wahrscheinlich werden sie nicht versuchen, etwas wegzuschaffen. Jetzt wollen sie die Farm selbst einnehmen. Aber es könnte ein Wagen kommen.«

Loudermilch ruhte sich aus, bis es Zeit war, das Haus zu verlassen. Es war sehr dunkel, kein Mond stand am Himmel, und die Sterne wurden durch eine Wolkenschicht verdunkelt, die jetzt immer über der Erde lag. Erneut fiel Loudermilch die Stille in den Wäldern und Feldern auf. Man hörte keine Grillen, keine Frösche, keine Nachtvögel.

Er machte es sich auf einem Baumstamm so gemütlich wie möglich. Das Gewehr lag auf seinem Schoß, und den Rücken lehnte er gegen einen Baum. Er wußte, es würden drei sehr lange Stunden werden.

Er dachte an die verschiedenen Kulte, die hier und da entstanden waren. Fast konnte er es verstehen. Das Verlangen, etwas zu tun, auch wenn es irrational war, überwältigte die Menschen angesichts ihrer Hilflosigkeit, und so schlossen sie sich verrückten Kulten an. Oder sie wurden Räuber. Oder, so ging das Gerücht, sie wandten sich in Gebieten, wo so etwas vor noch nicht allzu langer Zeit Brauch gewesen war, dem Kannibalismus zu. Es gab Kulte, die sich an strenge Speisevorschriften, Fasten und Gebet hielten. Gegen diese war am wenigsten einzuwenden, und wenn man an die Überschwemmung mit Ratschlägen durch die Gesundheitskommissionen dachte, waren sie vielleicht nicht einmal irrational. Aber es gab auch noch andere . . .

Die Black-Lady-Gruppe hatte ein bißchen des Ceres-Persephone-Mythos mit Zauberei und Spieltheorien verrührt, und das Ergebnis war ein Ritus mit Blutopfern und Orgien. Loudermilch zuckte die Schultern. Vielleicht war es besser, durch sexuelle Überanstrengung zu sterben als beim Schleppen von fauligem Wasser zusammenzubrechen.

Dann gab es die Schwimmer, die sich im Freien trafen, sich

nach einem Gebet auszogen und sich dem Wasser des Ozeans, Flusses oder Sees anboten, je nachdem, wo sie sich befanden. Das dicke Wasser forderte von einem Schwimmer so viel Energie, daß auch die Riten dieses Kults so gut wie selbstmörderisch waren.

Loudermilch hatte die Absicht, Recherchen über alle diese Kulte anzustellen und ein Buch über sie zu schreiben, wenn diese Verrücktheiten einmal vorbei waren. Kratze am Glauben, und der Aberglauben kommt zum Vorschein, sagte er zu sich selbst. Dann erstarrte er. Auf der Straße näherten sich Pferde.

Er fluchte leise und griff nach dem Walkie-talkie, aber er gab kein Signal durch. Niemand hatte ihm einen Kode dafür gesagt, daß die Angreifer auf Pferden kämen. Einmal, wenn sie zu Fuß kamen, zweimal für einen Personenwagen, dreimal für einen Lastwagen. Signal dreimal wiederholen, dann Anzahl der Männer angeben, ebenfalls dreimal wiederholen. Zum Schluß die Anzahl der Fahrzeuge. Über Pferde war kein Wort gefallen.

Als die Reiter an der Abzweigung in die Privatstraße vorbeiritten, schätzte Loudermilch sie auf sechs bis acht. Zählen konnte er sie nicht. Es folgten zwei Wagen, die von je zwei Pferden gezogen wurden, und auf ihnen befand sich eine unbestimmbare Anzahl von Männern. Er wartete, bis alle vorüber waren, dann gab er das Alarmzeichen SOS, dreimal wiederholt. Er rannte los in Richtung des Hauses. Er mußte Bescheid geben, daß die Angreifer beritten waren, und um in das Funkgerät sprechen zu können, mußte er außer Hörweite der Reiter sein.

Loudermilch wartete nicht auf eine Antwort. Er hob das Gewehr. Unter den Bäumen zu seiner Rechten suchte sich ein Pferd einen Weg durch das Unterholz. Er lauschte angespannt, bis er sicher war, daß nur das eine da war. Sie waren also ausgeschwärmt und würden aus verschiedenen Richtungen zugleich angreifen. Zuerst hatte er die Absicht gehabt, auf das Pferd zu schießen, aber er überlegte es sich anders. Links von ihm fielen mehrere Schüsse, und im gleichen Augenblick wurde der von rechts kommende Reiter sichtbar. Loudermilch schoß einmal.

Der Mann fiel vom Pferd. Das Pferd bäumte sich auf und galoppierte davon. Vom Boden aus wurde auf Loudermilch geschossen, aber die Kugel ging mehr als drei Meter daneben. Loudermilch feuerte zurück, und diesmal folgten ein Aufschrei und dann Stille. Er wartete nicht weiter ab, sondern rannte auf das Haus zu. Ihm war klar, daß er sich vom Wald entfernen mußte, wenn er etwas sehen wollte. Jetzt fielen auf beiden Seiten Gewehr- und Revolverschüsse. Er gelangte auf die Lichtung am Ende der Straße, blieb stehen und blickte um sich. Nichts war zu sehen als tiefe Dunkelheit und in der Ferne die schwarzen Umrisse des Hauses und der Ställe. Ein Pferd trat unter den Bäumen zu seiner Linken hervor. Er wirbelte herum und schoß. Das Pferd bäumte sich auf, schlug mit den Hufen und raste auf die offenen Felder hinaus. Es war reiterlos. Bevor Loudermilch die Deckung der Bäume erreicht hatte, schoß eine Kugel nur Zentimeter an seinem Gesicht vorbei. Er ließ sich fallen. Ein zweiter Schuß war zu hoch gezielt. Kriechend zog er sich unter die Bäume zurück und versuchte, einen Kreis zu schlagen und hinter den Angreifer zu kommen. Sie fangen es schlau an, dachte er. Sie schickten Pferde ohne Reiter über das Farmgelände, die das Feuer auf sich zogen, und dann schossen sie auf die Mündungsblitze. Loudermilch konnte das laute Atmen des Angreifers hören. Er schoß nach dem Gehör in die Dunkelheit. Ein Schmerzensschrei ertönte, und jemand arbeitete sich stolpernd und fallend durch das Unterholz. Loudermilch folgte ihm nicht, sondern wandte sich wieder der Lichtung zu.

Er hatte keine Ahnung, wo Corlie und seine Männer waren oder wie nahe an ihrem Ziel die Angreifer sich bereits befanden. Immer noch fielen Schüsse, aber jetzt unregelmäßiger, und die geflohenen Pferde hatten sich zu einer Herde hinten auf der Wiese versammelt. Früher oder später würden die Eindringlinge versuchen, die Pferde zu holen.

»Carl, bist du in Ordnung?« kam Janets Stimme über das Walkie-talkie. »Sie schließen das Haus ein, wahrscheinlich werden sie versuchen, uns auszuräuchern. Sei vorsichtig.«

Das war alles. Natürlich konnten jetzt keine Anweisungen über Funk durchgegeben werden, denn die anderen mochten ebenfalls Walkie-talkies haben. Loudermilch wußte nicht recht, was er tun sollte. In diesem Augenblick flammten Flutlichter auf. Die Männer, die sich tiefgebückt auf das Haus zuschlichen, wurden sichtbar. Sofort durchbrachen Revolverschüsse die Stille. Die Männer drehten sich um und rannten davon. Loudermilch war von dem plötzlichen Licht ebenso geblendet, wie sie es sein mußten, aber er schoß, denn das war das Wichtigste: Schießen und sie nicht zum Stehen kommen lassen.

Wieder war es still. Loudermilch kehrte an seinen Posten zurück, von wo aus er die Staatsstraße überblicken konnte. Eine halbe Stunde später konnte er melden, daß die Angreifer abzogen. Die beiden Wagen waren voller besetzt als vorhin, und drei Männer gingen zu Fuß. Von weither brüllte Corlies Stimme, er solle zum Haus zurückkommen. Die Morgendämmerung brach an.

Die Frauen und die größeren Kinder waren alle bewaffnet und hatten ihre Heimstatt verteidigt. Es hätten draußen Indianer sein können oder englische Soldaten oder fremde Wesen aus dem Weltraum, dachte Loudermilch. Diese Leute würden sie zurückschlagen, und sie würden festhalten, was sie hatten. Kleine Gruppen von entschlossenen Menschen bauten ihr Leben neu auf, paßten sich den Bedingungen an, deren Entstehen sie nicht hatten beeinflussen können. Loudermilch fragte nach Verwundeten. Diesmal gab es keine Schußverletzungen, nur hatte sich einer der größeren Jungen die Wange aufgerissen, und ein anderer war gegen einen niedrigen Ast gestoßen und hatte ein blaues Auge. Von den Angreifern mußten mindestens vier, vielleicht auch sechs getroffen worden sein. Man wollte eine Suchmannschaft losschicken, aber daran durfte Loudermilch nicht teilnehmen. Janet beorderte ihn streng ins Bett, und als er widersprach, empfahl sie ihm, einen Blick in den Spiegel zu werfen.

»Du bist weiß wie ein Gespenst«, erklärte sie, »und ich kann durch das ganze Zimmer sehen, wie dein Herz schlägt. Du hast von diesem dicken Wasser getrunken und Gemüse gegessen, das darin gewaschen und gekocht worden ist, und es sitzt in deinem Körper, nicht wahr? Du hast alle Symptome.«

Loudermilch schlief nur drei Stunden. Er mußte vor Mittag wieder abfahren.

Corlie gab ihm eine Landkarte, auf der er einen Weg für die Rückfahrt eingezeichnet hatte. »Sie könnten dir auflauern«, meinte er einfach.

»Was kann ich euch mitbringen, wenn ich wiederkomme?«

»Wahrscheinlich wirst du nicht noch einmal durchkommen, und falls doch, solltest du dich darauf einrichten, hierzubleiben«, sagte Janet.

Sie nannten ihm verschiedene Dinge, die sie brauchen konnten, aber er merkte, daß das nichts als eine Geste war. Sie erwarteten nicht, daß er wiederkommen würde.

26. Oktober

Carl Loudermilch betrachtete von seinem Fenster aus den Konvoi, der sich durch die Stadt auf den West-Side-Highway zuwälzte. Er bestand aus Jeeps, fest mit Planen zugedeckten Lastwagen, vollbesetzten Mannschaftswagen und einem halben Dutzend Milchtankwagen, und es hatte ganz den Anschein, als rücke eine Armee in feindliches Land ein. Nach einigen Minuten wandte Loudermilch sich vom Fenster ab und zog die Vorhänge zu.

»Da fahren sie hin«, sagte er zu seinem Gast.

Dieser war fünfzig, kahlköpfig, fett, zerknautscht und wahrscheinlich die größte Autorität der Welt auf dem Gebiet der Verhaltensforschung. »Die Ordnung, die wir immer für selbstverständlich gehalten haben, wird durch in der Natur auftretende Kräfte, die wir uns nicht einmal vorzustellen vermögen, in ein Chaos verwandelt werden«, behauptete er. Dr. Lee Mann, dessen Titelabkürzungen aus weit mehr Buchstaben bestanden als sein Name, war restlos betrunken.

Loudermilch grinste ihn an und griff nach seinem Highball. »Mir reicht das Chaos, das wir jetzt schon haben.«

»Das ist nur ein Vorgeschmack. Zuerst werden die grasfressenden Tiere verschwinden.«

»Und die Menschen werden ihnen folgen, wenn sie ihre Lebensweise nicht grundlegend ändern«, setzte Loudermilch hinzu.

»Einige werden ihre Lebensweise ändern, die meisten werden es nicht tun. Ich schon. Ich habe es bereits getan. Viel Ruhe, niemals eine schnelle Bewegung, Schlaf nach jeder Mahlzeit . . .«

»Es ist kaum möglich, das konsequent einzuhalten. Es widerspricht dem menschlichen Instinkt.«

»Pah!« machte der Wissenschaftler. »Das ist kein Instinkt, sondern eine kulturbedingte Konditionierung. Jetzt werden wir langsamer, und die nächste Generation wird nicht glauben wollen, wenn sie sich alte Filme ansieht, daß wirklich einmal alles gerast und gehastet hat.«

»Wird es denn eine nächste Generation geben?«

»In gewisser Weise. Sie wird nicht sein wie wir. Wir sind die neuen Dinosaurier. Unsere Tage sind gezählt. Aber jetzt erzählen Sie mir, was vorgeht. Früher oder später kommt jeder zu Ihnen, mich eingeschlossen. Was ist da draußen los?«

»Da draußen? Meinen Sie die Army?«

»Nein, nein.« Mann wackelte ungeduldig mit einem fetten Zeigefinger. »Über die Army und die Städte weiß ich Bescheid. Ich bin in Chicago gewesen, und da ist es noch schlimmer als hier in New York. Sie würden es nicht glauben . . . Aber ich meine draußen in der Welt. Die Erdbeben, die Fluten, die Bergrutsche. Das alles.«

»Ja. Es gibt viel mehr Erdbeben, als bekanntgemacht wird. Und sie treten nicht in den Gebieten auf, wo man sie erwartet, sondern da, wo es Kalksteinschichten gibt, durch die das Wasser zu tropfen pflegte. Zum Beispiel die Höhlengebiete im Mittleren Westen. Das Wasser sammelt sich nun, es entsteht Druck, und irgend etwas muß schließlich nachgeben. Das ist die eine Art der neuen Erdbeben. Die andere ereignet sich an Berghängen. An den meisten Stellen ist die PON-Gallerte bis zu einer Tiefe von einem Fuß eingedrungen, und da, wo es viel regnet, bis zu drei Fuß. Bei den geringsten Vibrationen fängt die obere Erdschicht an zu rutschen, und die Lawine wächst und wächst und reißt alles mit sich. Am häufigsten geschieht das in den Bergen, aber es gibt jedes Jahr einhunderttausend Erschütterungen unterschiedlicher Stärke, und das bedeutet heutzutage die Möglichkeit zu einhunderttausend größeren Katastrophen.«

»Einhunderttausend«, wiederholte Mann tonlos.

Loudermilch trat erneut ans Fenster. Es war ein grauer Tag, noch nicht kalt, aber auch ohne Spur von Wärme in der Luft. Eine Woche lang hatte es beinahe jeden Tag geregnet, und die Sonne hatte fast einen Monat lang nicht mehr geschienen. Ohne seinen Gast anzusehen, fuhr er fort: »Ich bin letzte Woche in einigen Krankenhäusern gewesen. Ich versuchte, jemanden von der Mütterstation zu sprechen, aber keiner wollte auch nur ein Wort sagen. Dann bemühte ich mich, eine schwangere Frau zu finden, aber wissen Sie, plötzlich sind sie sehr rar geworden. Außerordentlich rar.«

Mann trank schnell sein Glas leer und hievte sich auf die Füße, um es neu zu füllen. Er sah so grau aus wie der Tag.

»Ich dachte weiter darüber nach.« Loudermilch ließ seinen Blick zwischen Mann und der Straße unten hin und her wandern. »Gibt es keine Schwangerschaften mehr? Ich zählte es mir an den Fingern ab. Die Frauen, die schon schwanger waren, als das Wasser schlecht wurde, haben inzwischen geboren. Und was ist mit den Monaten dazwischen? Keine neuen Schwangerschaften? Lauter Fehlgeburten?« Er preßte die Stirn gegen die Fensterscheibe und schloß die Augen. Mann schwieg noch immer. »Daher ging ich in den Zoo. Seltsamerweise hat niemand daran gedacht, die Leute dort zu vergattern. Lee, für Säugetiere ist es heutzutage ungeheuer schwierig, Junge zu bekommen. Wußten Sie das?«

Lee Mann seufzte. Plötzlich sah er aus wie ein alter Mann. »Verdammt!« sagte er. »Ich muß gehen.« Er hob die Karaffe und schätzte ihren Inhalt ab. »Ich werde mit den Zoo-Leuten sprechen. Wie denn auch sei, Zoos sind zum Untergang verurteilt.« Er goß sich den Rest ein. »Zum Wohl, Carl, zum Wohl.« Mit vorgetäuschter Munterkeit erklärte er: »Diese kleinen Spermatozoen, die früher hurtig auf ihr Ziel lossausten, kriechen jetzt langsam dahin und bleiben auf der Strecke. Die Muttermilch ist steif, und so ein kleines Lebewesen, das fünf Minuten trinken müßte, gibt nach einer Minute erschöpft auf.« Von Loudermilch kam ein Geräusch, das sich wie ein Stöhnen anhörte. Mann fuhr fort: »Wir haben die Ärzte unterrichtet. Sie wissen, was sie bei schwangeren Frauen zu tun haben. Vollständige Bettruhe, spezielle Nahrung, das bestmögliche Wasser. Es ist nicht das Ende, Carl. Noch nicht.«

»Und was ist mit den neun Zehnteln der Welt, wo sich diese Vorschriften nicht durchführen lassen?«

»Ja. Das ist die Frage.« Zu sich selbst setzte Mann hinzu: »Und sich zu betrinken, scheint nicht zu helfen.«

Loudermilch verließ das Fenster und setzte sich zu seinem Freund. »Sind Sie auf dem Weg zu dem Symposium in Berkeley? Kann ich eine Zulassung bekommen?«

»Wahrscheinlich. Wir arbeiteten alle getrennt voneinander, keiner weiß, welche Entdeckungen der andere auf seinem Spezialgebiet macht. Ich wußte nichts über die Erdbeben; Viaux weiß nichts über meine Arbeit; beide wissen wir nichts über die ozeanographischen Untersuchungen. Es ist Zeit für ein Symposium. Ich werde dafür sorgen, daß die Stiftung sie zum Berichterstatter ernennt.«

Drei Tage später saß Loudermilch inmitten einer aus viertausendundfünfundachtzig Menschen bestehenden Zuhörerschaft und hörte Lee Mann erläutern, welche Konsequenzen das Polymer für das Leben auf der Erde haben würde. »Die Vögel werden größtenteils aussterben«, schloß er. »Vielleicht wird diese Lebensform von unserem Planeten vollständig verschwinden. Heute fällt ein Drittel unserer Ernten Insekten und Krankheiten zum Opfer, und wenn die Vögel erst einmal verschwunden sind, wird daraus die Hälfte, zwei Drittel, drei Viertel werden. Die Insekten werden den geringsten Schaden nehmen. Bei Säugetieren gilt: Je schneller der Herzschlag, desto gefährdeter ist die Rasse. Kleine Säugetiere, Nager, Affen, Hominiden einschließlich des Menschen werden ziemlich schnell in Mitleidenschaft gezogen werden. Nur diejenigen, die die Situation verstehen und Vorsichtsmaßnahmen treffen, werden damit fertig werden. Unter den wilden Tieren werden die Fleischfresser weniger leiden als die Wiederkäuer, aber auf die Dauer werden auch sie die gleichen Symptome zeigen . . .«

Weitere Redner, die immer mehr in die Einzelheiten ihrer Spezialgebiete gingen, folgten. Am dritten Tag verließ Loudermilch die Konferenz mit hämmernden Kopfschmerzen. Er hatte seinen alten Freund Hal Mumford angerufen, der die San-Francisco-Redaktion der Times leitete und hoch oben auf einem der Berge rings um die Stadt wohnte. Mumford holte ihn von der Konferenz ab und fuhr mit ihm nach Hause. Loudermilch wollte schon eine Bemerkung über die gefährliche Lage des Hauses im Falle eines Erdbebens machen, aber er schwieg. Er konnte Mumford doch nichts erzählen, was dieser nicht schon wußte. Er begrüßte Sue Mumford mit einem Kuß. Alle drei setzten sich auf die überdachte Veranda und sahen schweigend in der hereinbrechenden Dunkelheit auf die Stadt hinunter.

Zum Abendessen tischte Sue Dinge auf, die sie für eine besondere Gelegenheit aufgespart hatte. Das Dinner war köstlich: geräucherter Truthahn, Früchte in einer Honigsoße mit Limonensaft, frischer, knackiger Salat. Alles war hundertprozentig in Ordnung, erklärte Sue. Entweder stammte es aus der Zeit, bevor das Wasser schlecht wurde, oder von einer Farm hinten in den Bergen, die Brunnenwasser hatte.

»Verkauft der Farmer immer noch Nahrungsmittel?« fragte

Loudermilch erstaunt. Er dachte an Corlie Jackson und seine Familie.

»Eigentlich nicht«, antwortete Sue. »Er ist mein Vater.« Sie warf einen schnellen Blick zu ihrem Mann hinüber. »Früher oder später werden wir zu ihm ziehen. Wenn Hal meint, es sei an der Zeit.«

Kurz nach zehn scheuchten Mumford und Sue ihren Gast ins Bett. Lange Zeit lag Loudermilch wach, lauschte auf den Wind und dachte an die kleine Nische, die Sues Vater irgendwo gefunden hatte. Möglicherweise konnten er und seine Angehörigen dort überleben. Im ganzen Land mußte es Tausende solcher verstreuten Nischen geben, nein, in der ganzen Welt. Nachdem ihm dieser Gedanke gekommen war, schlief Loudermilch besser als seit Monaten.

Während der Sitzung am folgenden Nachmittag kam die Nachricht durch, daß ein sehr heftiges Erdbeben einen weiteren Teil Perus ins Meer gestürzt habe. Loudermilch begab sich in Mumfords Büro. Sein Freund saß mit einer Flasche Bourbon vor dem Radio. Er berichtete: »Santiago meldet, es habe im Gebiet von Valparaiso einhunderttausend Tote oder Vermißte gegeben. Bis jetzt konnte noch keine Verbindung aufgenommen werden. Pst . . .« Der Nachrichtensprecher verkündete soeben: »Die seismographischen Stationen in den Vereinigten Staaten haben mittlerweile ein neues Beben entdeckt, das etwa siebenhundert Meilen westlich des betroffenen Gebietes auftritt. Es hat Stärke neun nach der Mercalli-Skala und ist damit das bisher schwerste Erdbeben . . .«

Mumford stellte den Ton etwas leiser, hob sein Glas und wies auf die Flasche auf seinem Schreibtisch. »Das wird eine höllische Welle geben«, meinte er. Loudermilch nickte.

Zwei Stunden später wurde die Welt über das Radio benachrichtigt, daß eine Flutwelle von gigantischen Ausmaßen vom Epizentrum des letzten Erdbebens aus auf die Hawaiischen Inseln zuraste. In der Vorhersage hieß es, sie würde mit ihrem östlichen Rand auch die Westküste der Vereinigten Staaten streifen. In ihrem Mittelpunkt sollte die Welle zweihundert Fuß oder mehr hoch sein, und ihr Rand wurde immer noch auf zwölf bis zwanzig Fuß geschätzt.

Weder Loudermilch noch Mumford sagten etwas. Sie wußten beide, was eine zwanzig Fuß hohe Welle der Küste antun würde. Sie verließen das Büro und beobachteten die Evakuierung. Schiffe liefen aus, so schnell sie konnten, Läden und Restaurants wurden geschlossen. Ihre Besitzer nahmen mit, was sie abtransportieren konnten, und ließen das übrige zurück. Das Meer zeigte eine tiefe, graugrüne Farbe. Es war ganz ruhig; nichts verriet die schreckliche Flutwelle, die von einer Hunderte von Meilen südlich gelegenen Stelle heranraste. Ein leichter Wind blies. Loudermilch und Mumford wanderten über den Strand. Jedes Sandkörnchen war mit dem Polymer überzogen, so daß es runder, größer und weißer als normal aussah. Außer ihnen hielt sich niemand auf dem verblüffend weißen Strand auf. Es ließ sich nur mühsam darauf gehen, und bei Flut hatte man das Gefühl, in Treibsand geraten zu sein, der einen zu verschlingen drohte. Loudermilch wandte sich als erster ab, aber noch lange, nachdem sie den Strand verlassen hatten, klang ihm das dumpfe Aufplatschen der Wellen in den Ohren.

Als sie ins Büro zurückkehrten, wartete Sue dort auf sie. Mumford drückte sie an sich. Von der Flutwelle sprach niemand. Sie sollte die Küste noch vor Mitternacht treffen. Der Hauptteil wurde eine Stunde früher am Diamond Head erwartet. Sie warteten, verglichen Notizen und tranken das Bier, das Sue später zusammen mit Butterbroten brachte.

Um neun Uhr abends kam ein Anruf aus Honolulu von einem Korrespondenten der Times namens Smitty Bronson. Im Hintergrund hörte man Alarmsirenen heulen.

»Die Luft hier ist ganz klar«, berichtete Smitty. »Temperatur 21 Grad Celsius, Wind fünf Meilen pro Stunde. Die Sonne geht gerade unter und färbt das Meer blutrot. Die Wolken, die die Sonne meistens verdecken, sehen scharlachrot aus mit Streifen von Aquamarin und Apfelgrün. Zum Horizont hin werden sie violett, dann purpurn und schließlich pechschwarz. Die neuartigen zylinderförmigen Wellen rollen auf den Strand und hinterlassen eine Schaumschicht, die in der Sonne wie ein regelmäßiges Spitzenmuster glitzert.« Eine Pause entstand, und dann fuhr Smitty in schnellerem Tempo fort:

»Die hiesigen Behörden haben großartige Arbeit geleistet, indem sie die Bewohner der niedrig gelegenen Gebiete evakuierten. Die Strände sind leer. Die Boote sind draußen auf See oder hoch hinauf aufs Land gezogen worden. Überall sitzen Menschen auf Dächern, in Bäumen und oben in den Bergen. Sie warten auf die angekündigte Flutwelle. Es herrscht Aufregung, aber keine Furcht. Flugzeuge melden, daß die Welle in der nächsten halben Stunde eintreffen muß. Hier spricht Smitty Bronson aus Honolulu.«

Smitty Bronson legte den Hörer auf, faltete sein Manuskript und steckte es in die Hemdtasche. Er ging zum Fenster hinüber, wo seine Frau und seine Tochter die See unten am Fuß des Berges beobachteten. Seine Frau erschauerte bei seiner Berührung, und er verstärkte den Druck seines Arms um ihre Schultern. Für die nächsten fünfzehn Minuten blieben sie unbeweglich dort stehen. Dann sog Shelley, seine Tochter, schnell die Luft ein und drückte sich enger an ihn. Sie starrten in fasziniertem Entsetzen auf den Strand. Es sah aus, als habe jemand einen Stöpsel gezogen, so daß das Wasser mit zunehmender Schnelligkeit abfloß. Ab und zu bildete es für kurze Zeit an einer Sandbank einen Strudel. Dann erblickte Smitty die Flutwelle. Als seine Frau einen Schmerzenslaut ausstieß, merkte er, wie fest er seine beiden Frauen an sich gedrückt hatte. Die Woge war eine glänzende Wand, die auf ihrer Vorderseite den farbenprächtigen Sonnenuntergang widerspiegelte. Als die ablaufenden Küstengewässer sie erreichten, schwoll sie an und erhob sich aus der See und stürzte sich auf das Land wie ein rotglitzernder Schneepflüg, angetrieben von einem gewaltigen Motor.

Die Eindrücke folgten einander zu schnell, als daß Smitty sie in einen Zusammenhang bringen konnte. Die Wasserwand donnerte mit vierhundert Meilen pro Stunde näher, und in jedem Augenblick türmte sie sich höher und höher auf. Ihr Brüllen füllte die Luft, und es roch stark nach dem freigelegten Meeresgrund vor der Küste. Krabben versuchten verzweifelt, sich in den Sand einzugraben. Der Luftdruck änderte sich ganz plötzlich. Smitty hatte das Gefühl, er werde zusammengequetscht. Der Wind war heiß. Dann hatte die Wand den Strand erreicht, und das Getöse war schmerzhaft. Smittys Tochter hielt sich die Ohren zu. Sie wußte nicht, daß sie schrie. Er zog sie an seine Brust. Seine Frau beobachtete genauso angespannt wie er. Nur gab es jetzt nichts mehr zu sehen. Die Wasserwand stürzte sich auf das Land und bedeckte es. Verschwunden waren die Palmen, die Strandhäuser, das Majesty-Hotel und die parallel zum Strand laufenden Straßen. Nichts war mehr da als das Wasser, das landeinwärts flutete. Das Haus bebte, als werde es von einem Erdbeben geschüttelt, und Shelley schrie von neuem. Das Wasser wurde bergaufwärts gedrückt. Bäume und Büsche wurden entwurzelt und wirbelten durcheinander mit Steinen und Bauholz der weiter unten gelegenen Häuser. Als Smitty glaubte, er könne das donnernde Krachen nicht länger ertragen, ließ es nach. Wieder zitterte der Boden unter seinen Füßen, und dazu kam ein neues, näheres Tosen. Der Berg barst. Er konnte das Wasser wenige Meter unterhalb des Hauses sehen, und nun sah es aus, als stehe es still, aber die Trümmer, die es mit sich führte, bewegten sich weiter voran. Dann begann das Wasser zurückzufluten und riß weitere Teile des Berges mit sich. In jeder Senkung, an jeder niedrigen Stelle blieb eine dicke Flüssigkeit zurück. Die gesamte Vegetation und alle Häuser waren vernichtet. Nur hier und da lag ein Haufen Steine. Das Land war abgekratzt worden, und anstelle des Erdbodens und der Pflanzen, die darin gewurzelt hatten, und der Gebilde von Menschenhand gab es nur noch die steif werdenden Wassertümpel, einen dicken Überzug der gelierenden Substanz und Schutt.

Als die Flutwelle verebbt war, brachte Smitty seine Frau und seine Tochter aus dem Haus, und später in dieser Nacht gab es einen weiteren Bergrutsch. Ihr Haus brach zusammen. Die Dreihundert-Fuß-Wasserwand, die sich mit der Geschwindigkeit eines Düsenflugzeugs bewegt hatte, war an einigen Stellen zwanzig Meilen weit ins Land eingedrungen, bevor sie am Fuß der Berge zum Stehen kam. Monatelang würde es jetzt Bergrutsche, Felseneinstürze und sich bewegende Landmassen geben, bis die geschwächten Gebiete sich wieder stabilisiert hatten. Die Flutwelle, die eine Geschwindigkeit von vierhundert Meilen pro Stunde beibehielt, raste weiter durch den Pazifik auf die Kurilen zu ihrer Linken und die Aleuten zu ihrer Rechten zu und streifte unterwegs das amerikanische Festland nördlich von Santa Barbara in Kalifornien.

Loudermilch und Mumford befanden sich noch im Büro, als die Welle die Bucht traf. Sehen konnten sie nichts, doch sie hörten das Getöse des Wassers und das Heulen der Sirenen. Das Wasser hatte eine Höhe von »nur« zwölf Fuß, aber es warf sich auf die Hafenanlagen, den Strand und das niedrig gelegene Land mit der gleichen Wut wie die Hauptmasse. Der Hafen wurde vollständig zerstört.

Am nächsten Tag begann das Aufräumen, eine qualvoll langsame Arbeit. Niemand konnte länger als eine Stunde tätig sein, ohne sich danach zwei Stunden auszuruhen, und eine größere Anstrengung durfte sich niemand zumuten.

Smitty Bronson meldete sich aus Honolulu, aber sein Bericht über die dortigen Verwüstungen wurde ebenso wie Loudermilchs Story von der Regierung beschlagnahmt. Das Gerücht besagte, es habe mehr als neuntausend Tote gegeben. Allerdings reagierte niemand mehr auf solche Gerüchte. Es wurde auf nichts mehr reagiert.

»Was haben Sie als nächstes vor?« fragte Mumford Loudermilch. Loudermilch wohnte jetzt bei den Mumfords. Unten in der Stadt hatte die Flutwelle einen Trümmerhaufen zurückgelassen. Das Symposium war abrupt beendet worden. Da die Gefahr von Bergrutschen bestand, strömten von Norden und Süden Flüchtlinge herbei.

»Ich werde zurück nach dem Osten fliegen. Warum fragen Sie?«

»Ich schicke Sue diese Woche zu ihrem Vater. Ich glaube, es wird Zeit. Warum wollen Sie nicht mit ihr gehen?«

»Kommen Sie nicht mit?«

»Noch nicht. Aber bald.«

»Ja. Ich weiß. Und aus demselben Grund kehre ich in den Osten zurück.« Loudermilch klopfte auf den Bericht, an dem er zwei Tage lang geschrieben hatte. »Die Stiftung möchte eine Kopie hiervon für den beratenden Stab des Präsidenten. Gott weiß, es ist höchste Zeit, daß sie die Angelegenheit als ein Ganzes betrachten und nicht als ein Bündel von isolierten Tatsachen, die getrennt voneinander behandelt werden müssen. Ich hoffe, dieser Bericht wird sie aufwecken.«

Neben Sue auf der Terrasse stand eine hochgewachsene, schlanke Frau, vielleicht dreißig, aber es ließ sich schlecht schätzen. Sie war tief sonnenverbrannt und hatte langes, dunkles Haar, das mit einem Gummiband lose zusammengehalten wurde. Ihre Augen waren braun. Loudermilch tippte auf eine indianische oder mexikanische Blutbeimischung.

»Joan Soren«, stellte Sue vor. »Das ist Carl Loudermilch.« Er drückte ihr kurz die Hand. Hinter ihr sah er einen VW-Bus auf der Zufahrt stehen.

Sue stellte Sandwiches, Salat und gebackene Kartoffeln auf den Tisch. Auch Kaffee gab es. Loudermilch wußte, er durfte sie ihrer Nahrungsmittel nicht mehr länger berauben, aber Sues Essen war das beste, was er seit Ewigkeiten bekommen hatte, und er aß hungrig. Joan berührte das Essen kaum. Loudermilch merkte, daß sie ihn gespannt beobachtete. Gesagt hatte sie seit der Begrüßung noch nichts.

Auch Sue warf ihm Blicke zu. Loudermilch stellte seine Kaffeetasse hin und lehnte sich zurück. »Nun?« fragte er.

»Carl, können Sie einen Passierschein für eine zweite Person besorgen?« erkundigte sich Sue auf diese Aufforderung hin.

»Für Joan? Warum?«

»Fragen kann ich nicht beantworten. Sagen Sie nur, ob Sie es können.«

»Das weiß ich nicht. Haben Sie schon einmal versucht, einen Flug bewilligt zu bekommen, ohne Ihre Beziehungen spielen zu lassen?«

Diese Worte waren an Joan gerichtet. Ihr Mund wurde schmal. Sie nickte. Loudermilch faßte in seine Brusttasche, zog ein Bündel Papiere hervor und fächerte sie auseinander. »Das alles mußte ich mir für den Flug hierher und zurück besorgen. Ich brauchte dazu vier Tage und die Ernennung der Stiftung als Berichterstatter.«

Joan grinste mit einem Mundwinkel und zuckte die Schultern. »Okay, okay. Schon kapiert. Vergessen Sie es.«

Mumford erhob sich plötzlich. »Joan, du kannst nicht quer durch das ganze Land fahren! Das lasse ich nicht zu. Weißt du, wie weit du kommen würdest?«

Wieder erschien das spöttische Grinsen auf ihrem Gesicht. Mumford wandte sich an Loudermilch. »Wir könnten es doch versuchen. Wir könnten angeben, Joan sei Ihre Assistentin. Sie müßten die Papiere in Los Angelos besorgen, aber ich könnte vorher ein paar Telefongespräche führen . . .«

»Bitte, Carl, tun Sie es, wenn es möglich ist. Joan ist eine sehr gute Freundin von uns. Sie wird dabei umkommen, wenn sie mit dem VW-Bus fährt.«

Sues Stimme klang beinahe hysterisch. Loudermilch verstand. Der massenweise Tod rührte niemanden mehr, aber jeder reagierte mit übermäßiger Heftigkeit auf kleine Tragödien. Er hob resignierend die Hände. »Ich brauche schon lange eine Assistentin«, erklärte er. Nur Joan zeigte keine Gemütsbewegung. Wahrscheinlich konnte sie nicht glauben, daß damit alles geregelt war.

Mumford ließ sein Essen im Stich und begann sofort zu telefonieren. Eine Stunde später war ausgemacht, daß Joan Soren und Loudermilch die Küste entlang nach Los Angeles fahren, in der dortigen Redaktion die Papiere abholen und via Chicago nach New York fliegen würden.

Joan war ärgerlich, daß ihrer Papiere wegen der Umweg über Los Angeles gemacht werden mußte, und Loudermilch ertappte sich dabei, daß er leise vor sich hin fluchte. Das hatte ihm noch gefehlt, daß er eine gereizte Frau aufgehalst bekam. Er inspizierte ihren Wagen. Er war mit Schlafsäcken, einem Kochherd, einem Schüttstein und Nahrungsmitteln für mehrere Monate ausgestattet. Einen Destillierapparat hatte sie auch. Sie hatte tatsächlich geplant, damit quer durch die Vereinigten Staaten zu reisen. »Wir sollten gleich morgen früh losfahren«, meinte er. »Es kann länger als einen Tag dauern, bis Sie Ihre Papiere erhalten. Haben Sie Reservereifen und Werkzeuge?« Er sah sie neugierig an. »Und was soll mit dem Wagen geschehen?«

»Wenn Ihnen ein kleiner Umweg nichts ausmacht, können wir unterwegs einen Jungen aufsuchen, der mit uns zum Flugplatz fährt und dann den Wagen zu Sue und Hal zurückbringt.« Loudermilch nickte und warf einen Blick auf die Reservereifen. Sie waren brandneu.

Auf den Straßen war mehr Verkehr als im Osten. Als Loudermilch das Joan gegenüber erwähnte, meinte sie: »Wer hier seinen Wagen aufgibt, ist bereit zum Abkratzen. Aber jetzt kommt noch etwas dazu. Die da suchen alle einen Platz, wo es besser ist als hier, wo es Wasser und 'ne Menge zu futtern gibt.«

»Einen solchen Platz gibt es nicht.«

»Weiß ich. Aber wir alle versuchen, einen solchen Platz zu finden.«

Sie sprachen wenig, bis Joan ihn aufforderte, die Ausfahrt

nach Westen zu benutzen. »Da oben in den Cañons wohnt der Junge, von dem ich gesprochen habe.«

Loudermilch hätte gern gefragt, wer der Junge sei, aber er hielt den Mund. Wenn sie es ihm hätte sagen wollen, dann hätte sie es von sich aus getan. Er folgte ihren Anweisungen und bog in eine wenig befahrene Straße ein, die wahrscheinlich zu den ersten in diesem Gebiet gebauten Straßen gehörte und schon lange neben den zehn- und zwölfspurigen Highways keine Rolle mehr spielte. Eine halbe Stunde lang ging es weiter. Los Angeles lag jetzt mehr als fünfundvierzig Meilen westlich von ihnen.

Plötzlich rutschte der Wagen zur Seite. Vor ihnen wellte sich das Land wie Falten schlagendes Segeltuch. Loudermilch hielt an, ohne den Motor abzustellen.

»Ein Erdbeben«, stellte er fest. »Gott helfe ihnen.«

»Verdammt, verdammt, verdammt«, stieß Joan leise hervor. Sie fühlten eine neue Erschütterung, und diesmal gab es hinter ihnen ein Geräusch wie von einer Explosion, das noch lange zwischen den Bergen und Cañons widerhallte. Loudermilch sprang aus dem Wagen und blickte in die Richtung der Stadt zurück, die sie von diesem Standpunkt aus nicht sehen konnten. Einer der niedrigen Hügel, die sie umfahren hatten, bewegte sich in einem langsamen Erdrutsch. Das Knirschen der Felsen und das Donnern der abstürzenden Erde drang schwach zu ihnen herüber. Was mochte die erste Explosion zu bedeuten haben? fragte sich Loudermilch. Staub und Rauch stiegen in die Luft auf, und mehr war nicht zu sehen. Er stieg wieder ein und wendete. Joan wimmerte leise, sagte aber nichts. Er warf einen Blick zu ihr hinüber. Sie starrte ausdruckslos geradeaus.

»Probieren Sie mal, ob im Radio etwas zu hören ist«, forderte er sie auf.

Wortlos begann Joan zu suchen. Das nächste Zittern warf den Wagen herum, und vor ihnen, fünfzig Meter die Straße hinunter, entstand ein Riß, der sich mit dem Donnern eines Düsenflugzeugs nach Süden fortpflanzte. Die andere Straßenseite sackte einen Meter tiefer als ihre. Loudermilch starrte voller Entsetzen hinüber. Der Wagen hatte sich seitlich gestellt. Die Erde zitterte ganz leicht, doch das war genug, um die Straße immer mehr zu zerstören.

Loudermilch brachte den Wagen wieder in ihre ursprüngliche Fahrtrichtung, und er wurde mit der einen Straßenhälfte in die Höhe gehoben. Loudermilch begann, von dem Riß wegzufahren.

»Wir können nicht zurück, nicht wahr?« fragte Joan.

»Stimmt. Und es kommt mir so vor, als hätten wir uns ein ganz hübsch gefährliches Fleckchen ausgesucht.« Er fuhr schnell, und doch achtete er mit größter Aufmerksamkeit auf Löcher und Sprünge. Manchmal kam er nur im Kriechtempo voran, manchmal mußte er Aufbrüche umfahren, und die ganze Zeit fuhr der Boden fort, zu stöhnen und zu beben. Keiner von beiden sprach. Sie kamen an einem langsam zusammenbrechenden Hügel vorbei, und er versuchte, den Berghang ebenso im Auge zu behalten wie die Straße. Felsbrocken und Erdlawinen krachten abwärts. An einer Stelle war die Straße blockiert, und sie mußten aussteigen und sie freiräumen. Als sie damit fertig waren, sah Joan ganz weiß aus und atmete schwer. Eine halbe Meile weiter hörten sie einen neuen Krach, und diesmal wurde der Weg hinter ihnen vollständig zugeschüttet. Loudermilch fuhr schneller. Er merkte jedoch bald, daß sie das Schlimmste hinter sich hatten. Der Boden war hier ruhig. Sie gewannen immer mehr an Höhe. Jetzt waren auch wieder andere Wagen zu sehen. Sie fuhren in die entgegengesetzte Richtung, auf die Stadt zu. Es waren Wagen der Army und der Polizei. Loudermilch dachte, sie täten besser daran, die Straße zu verlassen. Andernfalls riskierten sie, daß ihr VW-Bus beschlagnahmt wurde. Deshalb forderte er Joan auf, auf der Landkarte nach einer Abzweigung zu suchen, wo sie für den Rest des Tages und die Nacht einigermaßen sicher sein würden.

Am späteren Nachmittag hatten sie den Wagen außer Sicht der Straße unter Krüppelkiefern versteckt.

»Und jetzt?« fragte Joan.

»Ruhen Sie sich aus«, antwortete Loudermilch. »Wir werden, wenn möglich, vor Sonnenaufgang weiterfahren. Ich werde auf den Kamm klettern und versuchen, ob ich etwas sehen kann.«

»Ich komme mit Ihnen«, erklärte Joan.

Oben angekommen, stellten sie fest, daß das niedriger gelegene Gebiet von einer Staub- und Rauchwolke verdeckt war, aber die Wolke glühte an verschiedenen Stellen in einem düsteren Rot. Joan und Loudermilch, beide außer Atem, setzten sich.

»Haben Sie das Polymer getrunken?« fragte Loudermilch nach einer Weile.

»Etwas. Aber ich bin okay.«

Er nickte. Ein paar Minuten später zog Loudermilch einen kleinen Rekorder aus der Tasche und begann, ins Mikrophon zu sprechen. Joan beobachtete ihn mit regungslosem Gesicht, als er das Erdbeben und die Aussicht vor ihnen beschrieb.

Als er fertig war, fragte sie: »Wollen Sie versuchen, nach Los Angeles zu gelangen?«

»Nein. Zuerst hatte ich die Absicht, aber wir wären nur zwei Personen mehr, die Essen und Wasser und eine Unterkunft brauchen. Die Army wird ohne mich zurechtkommen.«

»Soll doch alles ins Meer fallen«, stieß Joan plötzlich hervor. Er sah schnell zu ihr hinüber. Um ihren Mund waren harte Linien. Mit zusammengekniffenen Augen starrte sie auf den Staub und Rauch in der Ferne.

»Sie hassen den Ort, nicht wahr? Was ist Ihnen dort zugestoßen?«

»Hören Sie, ich spiele nicht Ihren Psychater, und Sie spielen nicht den meinen. Ist das klar?«

»Schon gut.«

»Ich hole uns was zum Essen aus dem Wagen.« Sie grinste, und dadurch veränderte sich ihr Gesicht dermaßen, daß sie wie ein Teenager aussah. Sie war groß und schlank, hatte Muskeln wie ein Junge, das Grinsen eines Kindes, das Vokabular eines Dockarbeiters und die Erfahrung einer Kurtisane. Soviel ließ sich oberflächlich erkennen. Ihr Inneres wollte sie nicht preisgeben.

Loudermilch grinste kurz zurück und wandte seine Aufmerksamkeit wieder der glühenden Wolke zu, die über Los Angeles kochte.

Als Joan pfiff, grinste Loudermilch wieder. Sie pfiff vollkommen korrekt die Anfangstakte der Grand-Canyon-Suite. Sie aßen Thunfischbrote, tranken Kaffee und hörten auf ihrem Aussichtsplatz den ganzen Nachmittag das Radio ab. Die Sender in Seattle waren von denen, die sie bekommen konnten, die einzigen, die Nachrichten über das Erdbeben brachten, das Kalifornien von San Francisco bis San Diego auseinandergerissen hatte. Es gab keine Schätzungen über die Anzahl von Toten oder die Höhe des Sachschadens. San Francisco brannte, und eine Reihe von Gasexplosionen hatte in Los Angeles gewütet.

Als es dunkel wurde, konnten sie die Flammen sehen, die über Los Angeles in die Luft schossen und ihre Ausläufer über den Boden schickten. Immer noch gab es gelegentlich eine neue Explosion, aber der Grund blieb ruhig. Loudermilch wußte, es würde Nachbeben geben. Er hoffte nur, sie würden glimpflich ablaufen. Als er Joans Stimme hörte, fuhr er zusammen.

»Es ist wie im Kino. Mir kommt es gar nicht so vor, als seien richtige Menschen dort unten. Ich weiß, daß sie leiden, aber ich empfinde gar nichts. Dreidimensionales Kino. Ein schöner japanischer Horrorfilm in ausgezeichneten Farben.«

Ihre Stimme klang zu angespannt. »Ruhig, Kind«, sagte Loudermilch warnend. Sie verstand.

Mit einem harten Auflachen erklärte sie: »Ich habe Ihnen doch gesagt, daß ich okay bin. Es kümmert mich gar nicht, wissen Sie. Es ist mir verdammt egal, was da unten passiert oder sonstwo. Ich weiß, Sie kriegen uns beide durch. Mir ist es egal, und Ihnen ist es egal, also werden wir es schaffen. Die, denen es nicht egal ist, bleiben auf der Strecke.«

»Sie finden, ich hätte zurückfahren sollen, nicht wahr? Das stört Sie?«

Ihr Schulterzucken war ihm jetzt schon vertraut.

»Hören Sie zu, Joan. Wir hätten einen Weg zurück finden

können, aber wozu? Wir wären vielleicht bis auf fünfzehn Meilen an die Stadt herangekommen – höchstens. Man würde uns unsern Bus und unsere Nahrungsmittel wegnehmen, und dann wären wir ebenso Flüchtlinge wie die anderen. Sie werden zu Tausenden sterben. Hätten wir irgendwie helfen können? Wir müßten mit ihnen in einem verdammten überfüllten Flüchtlingslager an Hunger und Durst sterben.«

Joan erschauerte und schlug die Arme um sich. »Ich weiß, daß sie sterben werden. Ich weiß es.« Ihre Stimme klang jetzt ausdruckslos, als habe sie eine Barriere errichtet, hinter der sie sich verstecken konnte. »Lassen Sie uns hier abhauen, über die Berge fahren, damit man uns nicht anhalten kann.«

»Okay. Ich werde eine Route ausarbeiten, die die Hauptstraßen vermeidet. Für die Fahrt werden wir einige Zeit brauchen. Wir werden uns am Steuer ablösen. Ich werde den Anfang machen, wenn Sie glauben, daß Sie schlafen können.«

Joan erhob sich und nickte. Sie sah ihn nicht an.

Als sie die Stelle verließen, war es vollständig dunkel geworden. Das Glühen der Wolken und das Knallen der Feuer wirkte noch bedrohlicher als vorher.

Loudermilch fuhr den gewundenen, ständig ansteigenden Weg hoch. Eine Zeitlang hörte er von hinten, wo sich Joan in den Schlafsack gerollt hatte, ersticktes Schluchzen. Dann wurde ihr Atem tief und regelmäßig. Ein tapferes Mädchen, dachte er. Er hätte gern gewußt, warum es für sie so wichtig war, in den Osten zu kommen. War es übrigens wahr, was sie gesagt hatte, daß ihm alles egal sei? Kümmerte ihn die Katastrophe persönlich, ihn, Carl Laudermilch? Er wußte es nicht. Vermutlich hätte er, wenn das Leben so schrecklich wichtig für ihn wäre, sich Hugh und Gail angeschlossen und wäre für den Rest seines Lebens über das blaue Meer gesegelt. Die Möglichkeit hatte er gehabt, und er hatte keinen Gebrauch davon gemacht. Der Wagen schrammte an einem Felsvorsprung vorbei. Loudermilch verbannte seine Gedanken und konzentrierte sich von jetzt an aufs Fahren.

Er fuhr bis drei Uhr morgens, dann hielt er an, stieg aus und streckte seine Beine. Sie schmerzten, und sein Rücken auch, und nun, da er nicht mehr hinter dem Lenkrad saß, merkte er, daß ihm der Kopf brummte. Mehrere Minuten lang ging er auf und ab, und dann stieg ihm zu seinem Erstaunen Kaffeeduft in die Nase. Er öffnete die Wagentür und sah Joan, in eine Decke gehüllt, vor dem kleinen Petroleumofen hocken.

»Riecht gut«, sagte er, und sie nickte. Sie sah sehr müde aus. »Zeit für eine Generalstabsbesprechung«, fuhr Loudermilch fort und setzte sich mit gekreuzten Beinen auf den Fußboden. »Wie lange dauert es mit Ihrer Ausrüstung, eine Gallone Wasser zu destillieren?«

»Zwei bis vier Stunden. Hängt von dem Feuer ab. Warum?«

»Ich möchte, daß wir den ganzen Weg über abwechselnd fahren. Einer fährt, der andere schläft. Und wir werden jeden Tag anhalten, um Brennholz zu sammeln und Wasser zu destillieren. Nachts können wir kein Feuer machen, weil das meilenweit zu sehen ist. Es gibt zu viele Leute, die sofort wüßten, was wir da treiben. Also werden wir nachts fahren und unser Wasser am Tag destillieren. Okay?«

»Aber ich habe Petroleum für Monate. Warum sollen wir Brennholz sammeln?«

»Das Petroleum werden wir noch brauchen. Wenn es regnet, müssen wir es benutzen, aber wir wollen damit so sparsam wie möglich umgehen.«

»Aber dann wird das Destillieren doppelt so lange dauern! Holz sammeln, Feuer anmachen, dasitzen und warten, bis es heiß genug ist . . . Ist doch verrückt!«

Ehe er etwas sagen konnte, fuhr sie fort:

»Außderdem können Sie von jedem Flughafen, der noch in Betrieb ist, abfliegen. Von Denver zum Beispiel.«

»Weiß ich«, erwiderte Loudermilch. »Und Sie können es nicht. Nur in New York oder Los Angeles könnten wir Papiere für Sie besorgen, zwischendurch nirgends. Also halten Sie den Mund und hören Sie auf mich. Ich bin der Anführer dieser Expedition. Wir werden sehr lange unterwegs sein, besonders deswegen, weil wir uns über Nebenstraßen schlängeln müssen. Ich will es nicht erleben, daß wir auf einer Landstraße angehalten werden und man uns alles konfisziert.«

»Sie würde man nicht belästigen.«

»Vielleicht nicht, aber ich werde das Risiko nicht eingehen. Und ich möchte mir außerdem auf dem ganzen Weg das Land ansehen.«

Sie sah ihn mit harten Augen an, aber schließlich nickte sie.

»Noch etwas. Wenn Sie irgend etwas sehen, das Ihnen verdächtig vorkommt, halten Sie an und wecken mich.«

Ganz langsam erklärte Joan: »Ich habe einen Revolver und Munition.«

»Weiß ich. Können Sie schießen?«

Sie nickte. »Woher wußten Sie es?«

»Ich habe mir gedacht, daß ein Mädchen wie Sie einen Revolver mitnehmen würde.«

Sie tranken ihren Kaffee und studierten die Landkarte, und dann kroch Loudermilch in den Schlafsack. Er schlief nur drei Stunden. Mittlerweile war es heller Tag geworden. Er setzte sich neben Joan. Sie befanden sich auf der US 91 in der Richtung nach Hoover Dam. Beide waren angespannt. Die Wüste war sehr still und spiegelte den trüben grauen Himmel wider. Zwei Meilen vor Hoover Dam wurde Joan langsamer. Unmittelbar hinter der Abzweigung standen ein Lastwagen und eine Gruppe von Männern. Ehe Loudermilch sie noch auffordern konnte, Gas zu geben, beschleunigte sie und zog mit fünfundsiebzig Meilen pro Stunde an der Abzweigung vorbei.

»Gut gemacht«, sagte Loudermilch und sah zurück. Joan grunzte nur. Erst als sie außer Sicht der Leute waren, fragte sie: »Was hatten die denn vor?«

»Vielleicht melden sie über Funk, wenn sich ein Wagen nähert. Vielleicht bewachen sie nur den Stausee. Ich weiß es nicht. Aber Soldaten waren es keine.«

Joan grinste ihn an, und wieder sah sie wie ein Kind aus. »Das kann ja aufregender werden, als ich gedacht habe. Warum sie wohl die Hauptstraße nicht blockiert haben?«

»Das wird im Augenblick zu riskant sein, denke ich mir. Wahrscheinlich gibt es immer noch Hubschrauberkontrollen, und ein Lastwagen auf der Landstraße würde auffallen. Trotzdem müssen wir jetzt unsere Route ändern.«

Sie fuhren durch Mesquite und Santa Clara, die Geisterstädten glichen. Sie erblickten keinen Wagen und keinen Fußgänger.

»Wohin sie wohl alle gegangen sind?« flüsterte Joan. Die tödliche Stille gab einem das Gefühl, flüstern zu müssen.

»Vor uns liegt St. George am Virgin River. Möglicherweise sind sie dorthin gezogen. Wir werden es sehen.«

Joan murmelte etwas vor sich hin. Loudermilch reckte den Hals, um festzustellen, aus welchem Grund sie ihr Repertoire an Schimpfwörtern durchging. Es war eine Straßensperre.

»Was jetzt?« fragte sie und wurde langsamer.

»Fahren Sie weiter, bis man uns ein Zeichen zum Anhalten gibt. Das ist ein Wagen der Staatspolizei, und daneben stehen zwei Motorräder. Wenn sie uns einholen wollen, kriegen sie uns.«

»Papiere«, verlangte der Polizist. Er war dick, und die Schweißtropfen liefen ihm unaufhörlich über Stirn und Wangen.

Wortlos hielt ihm Joan ihren Führerschein hin. Er studierte ihn aufmerksam. Dann wandte er sich an Loudermilch. »Ihre auch.«

Loudermilch zog seine Brieftasche hervor und reichte ihm seine Ausweise. In der Nähe standen zwei weitere Polizisten. Einer von ihnen hielt ein Gewehr. »Was hat das zu bedeuten?« erkundigte sich Loudermilch.

»Kümmern Sie sich um Ihre eigenen Angelegenheiten, Mister«, gab der Polizist zurück. An Joan vorbei warf er Loudermilch die Ausweise wieder zu. Er stützte beide Hände auf das Fenster. »Hören Sie mir gut zu, Mister, und tun Sie, was ich Ihnen sage. Sie sagen der Dame, daß sie die Stadt geradewegs durchqueren soll, ohne anzuhalten. Haben Sie verstanden?

Ohne irgendwo anzuhalten. Wir haben Funkgeräte, und wir behalten Sie im Auge. Fahren Sie einfach durch, und es wird Ihnen nichts geschehen.«

»He, warten Sie eine Minute!« rief Loudermilch. »Wir brauchen Nahrungsmittel und Benzin. Wir haben Bezugscheine. Ich habe vorrangige Aufträge . . .«

Der Polizist blickte zurück. »Ich habe es Ihnen gesagt, Mister. Wenn Sie anhalten, werden Sie lange Zeit stehenbleiben. Für alle Ewigkeit.« Er kehrte zu seinem Wagen zurück, ergriff das Mikrophon und sprach mit leiser Stimme hinein.

Joan fuhr an. Die eisigen Blicke der Polizisten folgten ihnen, bis sie hinter einer Kurve außer Sicht gerieten. Erst dann stieß Joan einen langen Seufzer aus.

»Ob sie uns wieder aus der Stadt lassen?«

»Ich weiß es nicht. Vermutlich schon.«

Joan fuhr langsam und ohne anzuhalten durch die kleine Stadt. An den Ecken standen Männer, und an der Ausfahrt befand sich eine zweite Straßensperre. An der Kreuzung der US 91 und 15 stießen sie auf eine dritte und auch noch auf eine vierte, als sie in die US 89 einbogen. Danach beschleunigte Joan und fluchte fließend eine Minute lang.

»Ich mache den Leuten keinen Vorwurf«, meinte Loudermilch. »Wahrscheinlich haben sie einen kleinen Vorrat an Lebensmitteln und etwas Wasser, und das wollen sie auch behalten. Wenigstens haben sie kapiert, was in der Welt vorgeht. Das ist mehr, als man von den meisten Menschen sagen kann.«

»Stinkiges, lausiges Pack«, zischte Joan heftig. »Sie konnten nicht wissen, ob wir Wasser und Benzin hatten oder nicht. Es war ihnen egal. Wahrscheinlich haben sie Posten aufgestellt, die melden, wenn wir stehenbleiben, und dann würden sie wie die Aasgeier über uns herfallen.«

»Aber sie werden im kommenden Frühling noch leben«, sagte Loudermilch. Er fühlte sich müde und deprimiert. »Überleben werden nur die, die sich den Bedingungen anpassen. Das ist nicht erfreulich, aber notwendig.«

Mürrisch erwiderte Joan: »Über Ihre Freunde, die Polizisten, könnte ich ein Buch schreiben.«

Eine Stunde, nachdem sie in die U.S. 89 eingebogen waren, hielten sie an. Im Schutz einer verlassenen Bretterbude, deren Holz silbergrau geworden war und mit der Umgebung aus Sand und Himmel verschmolz, machten sie ein Feuer an und destillierten Wasser. Loudermilch füllte den Tank aus ihren Reservekanistern. Joan holte Fleisch- und Gemüsekonserven hervor. Aber sie waren beide noch nicht hungrig. Der Himmel sah aus, als könne es Regen oder sogar Schnee geben.

»Wenn wir abwechselnd fahren, können wir fünf- bis sechshundert Meilen pro Tag schaffen. Wir werden bald an der Ostküste sein. Wohin wollen Sie da drüben?«

Joan antwortete nicht. Sie stand auf und drehte ihm den Rükken zu. Sie trug verblichene Blue jeans und eine hüftlange Jacke mit Kapuze, und sie wirkte ganz wie ein schlanker Junge. Nur ihr Haar verriet sie. Schließlich erklärte sie: »Zu schade, daß ich nicht noch einmal in meine Wohnung gehen und einen Karton mit Büchern einpacken konnte. Spielen Sie Schach?«

»Haben Sie denn ein Schachspiel mit?«

»Ich habe ein Spielbrett aus Stoff, und wir könnten als Figuren Münzen benutzen. Haben Sie das noch nie probiert?« Sie hockte sich neben ihn und schüttelte ihr Portemonnaie aus. »Ein-Cent-Stücke für die Bauern, Fünf-Cent-Stücke für die Springer, halbe Dollars für die Türme und Silberdollars für König und Königin, einmal Zahl und einmal Wappen. Wir markieren die Münzen, die Schwarz sein sollen, und die anderen sind Weiß. Okay?«

Sie holte roten Nagellack aus dem Bus und begann, die Münzen mit einem Kreuz zu zeichnen. Die nächste Stunde spielten sie. Zwischen den Zügen kümmerte Loudermilch sich um das Feuer. Die Partie endete unentschieden. Dann kochte Joan auf dem Holzfeuer. Als sie gegessen, das Feuer gelöscht und das destillierte Wasser verstaut hatten, waren sie bereit zum Weiterfahren. Es war dunkel geworden. Loudermilch hatte vor, kurz vor

Denver anzuhalten und die Stadt in den frühen Morgenstunden bei Tageslicht zu durchqueren.

Bis Mitternacht fuhr er durch mehrere kleine Städte. Sie waren entweder verlassen oder schwer bewacht von Staatspolizisten, die dafür sorgten, daß der VW-Bus ohne anzuhalten durchfuhr.

Denver glich Los Angeles und New York mehr als die kleinen Städte. Die Army verwaltete die Stadt, und die Bevölkerung schien damit ganz einverstanden zu sein. An diesem Morgen war es sehr kalt, aber schon standen die Menschen Schlange nach Wasser und Nahrungsmitteln. Loudermilch fuhr zur Militärverwaltung, ließ Joan zur Bewachung des Wagens zurück und trat ein, um mit dem diensttuenden Offizier zu sprechen. Als er eine halbe Stunde später wieder auftauchte, war sein Gesicht hart.

»Was ist?« fragte Joan. »Können wir hier kein Benzin kaufen?«

»O doch. Hier gibt's keine Probleme. Und da wir beide Bezugscheine für Wasser haben, die seit Wochen nicht mehr gelocht worden sind, können wir den Tank füllen. Lesen Sie mal das da.« Er zog eine vierseitige Zeitung aus seiner Tasche.

Die Schlagzeile lautete: »Präsident sagt, bis zum Frühling ist das Wasser wieder gut.« In dem Leitartikel wurde ausgeführt, daß die PON-Gallerte durch Abkochen harmlos werde, und wenn sich in gekochtem Wasser Polymer abgesetzt habe, brauche man es nur kurz zu schütteln, um es wieder trinkbar zu machen. Bei der Verteilung von Nahrungsmitteln habe es zwar einige Schwierigkeiten gegeben, aber da Züge und Lastwagen wieder führen, würde es bald besser werden. Niemand brauche sich zu beunruhigen. Hamstern werde mit Beschlagnahme und Gefängnis bestraft.

»Lauter Unsinn«, erklärte Joan, nachdem sie gelesen hatte. »Glauben die Leute das alles?«

»Gott weiß, was sie glauben. Ich fragte den diensthabenden Colonel, ob man die Bevölkerung davon unterrichtet habe, daß das Fleisch Euphorie hervorrufe, und er starrte mich nur ausdruckslos an. Er scheint auch noch nichts davon gehört zu haben, daß die Weizenernte vernichtet werden mußte. Er warnte mich davor, in dieser Stadt irgendwelche Gerüchte über Nahrungsmittelknappheit oder sonst etwas zu verbreiten.«

Sie kauften Benzin und Wasser, und dann fuhren sie zur Redaktion der Denver News. Guy Warren, der Redakteur, begrüßte Loudermilch herzlich. Er stieg mit in den Bus und wies sie in eine private Garage ein, wo sie den Wagen unbesorgt allein lassen konnten, und als Joan darauf bestand, beorderte er einen Mann als Wachtposten. Auch dann noch war es Joan gar nicht wohl bei dem Gedanken, den Bus zu verlassen.

»Ich bewundere Ihre Artikel seit vielen Jahren«, erklärte Warren, als er sie in sein Büro führte. »Hier. Miß, da sitzen Sie bequem.« Er warf einen Packen Zeitungen von einem Ledersessel auf den Fußboden und bot Loudermilch einen Stuhl an. Dann hockte er sich auf eine Ecke seines Schreibtischs, dessen Platte vollständig mit Zeitungen und Büchern und allem möglichen Kram bedeckt war.

»Mr. Loudermilch«, forschte er, »was geht im ganzen Land vor? Sie sind an der Küste gewesen?«

Loudermilch berichtete ihm Einzelheiten über New York, über das Erdbeben und die kleinen Städte, die sie passiert hatten. Er sprach eine Stunde lang, und in dieser ganzen Zeit hingen Warrens Augen an seinem Gesicht. Der Redakteur hörte so gespannt zu, daß er kaum Atem holte.

Loudermilch schloß: »Das ist das Gesamtbild, so wie ich es sehe. Und wie steht es hier?«

Warren holte tief Luft und ließ sich vom Schreibtisch gleiten. »Diese Bastarde!« stieß er hervor. »Nichts als Lügen tischen sie uns auf! Haben Sie das Drecksding gesehen, das man heutzutage eine Zeitung nennt? Haben Sie es gelesen? Diesen Mist muß ich für sie drucken. Lügen von Anfang bis Ende. Zensur wie in Rußland oder China. Sie wissen, daß ich nichts dagegen unternehmen kann, aber ich wünsche mir nur, daß ich einmal einen Artikel von Ihnen bringen dürfte, Mr. Loudermilch. Ich möchte ihnen nur einmal die Wahrheit unter die Nase halten, die Leute wissen lassen, was vorgeht. Bei Gott, wie ich mir das wünsche . . .«

»Warum?« fuhr Joan dazwischen. »Sie haben hier eine ruhige Stadt, keine Feuer, keine Aufstände, alles hübsch unter Kontrolle. Warum wollen Sie Ärger machen? Was soll Gutes dabei herauskommen, wenn Sie den Leuten sagen, daß die Welt geradewegs zum Teufel geht?«

Warren antwortete nicht, und Loudermilch auch nicht. Sie unterhielten sich noch eine Weile. Als Loudermilch und Joan weiterfuhren, fühlten sie sich sehr erleichtert, daß sie die Stadt und ihre apathische Bevölkerung hinter sich lassen konnten.

Joan saß jetzt am Steuer. Bald hatten sie die Ebene erreicht, und die Berge waren eine dunkle Silhouette vor dem grauen Himmel. Es begann zu regnen. Die Straße wurde schlüpfrig, und Joan fuhr langsamer. Alles bedeckte sich mit einer Schicht aus PON-Gallerte. Die Felder und die Straße waren so grau wie der Himmel, den sie widerspiegelten. Loudermilch, der neben Joan saß, suchte von Zeit zu Zeit am Radio, bekam jedoch nichts herein als statische Geräusche, Musikfetzen und mehr von dem Gewäsch, das jede Stunde als Nachrichten verkündet wurde. Er döste vor sich hin, doch als Joans Finger sich in seinen Arm gruben, war er sofort hellwach.

»Polizisten«, teilte sie ihm mit. »Ich bin vor einer Weile an ihnen vorbeigefahren, aber jetzt kommen sie hinter uns her.«

Loudermilch sah durch das Rückfenster. Der sie verfolgende Wagen kam rasch näher. Sein Rotlicht flackerte. Der Fahrer winkte. Loudermilch murmelte: »Halten Sie an, aber stellen Sie den Motor nicht ab.«

Joan trat auf die Bremse. Der andere Wagen zog an ihnen vorbei und stellte sich vor sie. Zwei Männer saßen darin. Loudermilch wurde die Kehle eng, als sie ausstiegen und auf den Bus zukamen. »Sie sind als Polizisten verkleidet«, zischte er durch die Zähne. Joan grunzte zustimmend. Auch sie hatte es bereits gemerkt. Einer der Männer trug Stiefel zur Uniform, und der andere hatte baumwollene statt Tuchhosen an. Der mit den Stiefeln grinste. Er trat auf Joans Seite ans Fenster, der andere stellte sich neben Loudermilch. Loudermilch entsicherte die Tür und kurbelte das Fenster hinunter, als ob er mit dem Mann reden wollte.

»Was gibt's, Officer?« fragte Joan kurz angebunden. »Ich glaube kaum, daß ich zu schnell gefahren bin – nicht auf einer so schlüpfrigen Straße wie dieser.«

Mit Befriedigung stellte Loudermilch fest, daß Joan ihre rechte Hand in die Tasche gesteckt hatte. Er wandte seine Aufmerksamkeit dem zweiten falschen Polizisten zu und fragte ihn ebenso unschuldig wie Joan, was los sei.

»Steigen Sie aus und zeigen Sie mir Ihre Papiere«, befahl der Mann. Seine Stimme klang unsicherer als die seines Spießgesellen, der sich mit Joan befaßte.

»Ziehen sie den Zündschlüssel ab, Miß.«

»Oh, das kann ich nicht tun. Unsere Batterie ist schwach. Wir könnten dann nicht weiterfahren, außer Sie würden uns anschieben . . .«

»Klar, das werden wir tun.«

Joan zog den Schlüssel ab. Sie öffnete die Tür an ihrer Seite, und Loudermilch stieg auf der anderen Seite aus dem Bus. Der falsche Polizist richtete einen Revolver auf seinen Magen. Loudermilch schoß durch seine Tasche. Der Mann fiel mit einem Aufschrei zu Boden. Loudermilch wirbelte herum. Joan hielt den zweiten Mann mit ihrem Revolver in Schach. Er war ein paar Schritte zurückgetreten und hielt die Hände über den Kopf. Er war gar nicht dazu gekommen, seine Waffe zu ziehen.

Loudermilch ging um den Wagen herum, zog ihm den Revolver aus dem Halfter und bedeutete ihm, sich zu dem am Boden liegenden Mann zu begeben. »Ziehen Sie ihn aufs Feld«, befahl er. »Dann setzen Sie sich neben ihn. Ich werde die Luft aus Ihren Reifen lassen. Wenn Sie Ihr häßliches Gesicht zeigen, bevor wir außer Sicht sind, bekommen Sie eine Kugel hinein.« Schnell durchsuchte er den Polizeiwagen und nahm einen weiteren Revolver, ein Gewehr und vier Schachteln mit Munition an sich. Er riß die Drähte des Fungeräts heraus und ließ die Luft aus den Reifen. Dann setzte er sich hinter das Lenkrad des VW-Busses und fuhr davon. Joan hatte von Anfang bis Ende kein Wort gesprochen.

7. November

Trotz des unsicheren Gefühls, das die Straße im Regen vermittelte, fuhr er schnell. Er wollte nicht länger als unbedingt nötig in dieser Gegend bleiben. Er hatte befürchtet, daß »sie« sich früher oder später der Polizeiwagen bemächtigen würden, und vielleicht herrschten sie hier herum über die Städte und Gemeinden. Er fragte sich, wen er eigentlich meine. Nun, er meinte diejenigen, die wußten, daß sie den offiziellen Verlautbarungen nicht mehr trauen konnten, diejenigen, die nirgendwohin gehen konnten. Er verglich sie mit den Bürgern von Denver, und er konnte die Frage nicht beantworten, welche Art die bessere war. Denver würde wahrscheinlich langsam sterben, immer nur ein paar Menschen auf einmal, und hier würde es schnell und gewaltsam passieren. Also war es auf lange Sicht einerlei.

»Ich wollte Filmschauspielerin in Hollywood werden«, unterbrach Joans Stimme plötzlich seine Gedanken. »Ich bin ziemlich gut, aber meine erste Rolle war die eines Indianermädchens, und danach mußte ich immer wieder Indianermädchen spielen.«

Loudermilch wartete, und schließlich fuhr sie fort. »Ich machte den Fehler, mich in meinen Agenten zu verlieben. Das war ein schleimiger, doppelzüngiger Halunke. Aber ich liebte ihn. Wir . . . gerieten in Schwierigkeiten und wurden eingesperrt. Er ist immer noch im Knast. Ich habe ein Jahr gesessen und wurde wegen guter Führung entlassen.« Sie sagte es in einem Atemzug und sah dabei starr geradeaus.

Loudermilch streckte die Hand aus und klopfte ihr auf den Arm. Sie zog sich ärgerlich von ihm zurück. »Lassen Sie das! Ich brauche kein Mitleid. Ich wollte es Ihnen nur sagen. Ich habe mein Wort gebrochen, als ich Los Angeles und sogar den Staat Kalifornien verlassen habe. Also sind Sie mein Komplize.«

Loudermilch brach in Lachen aus, und plötzlich lachte sie mit. Sie sprachen nicht weiter darüber. Joan fragte: »Ist der Mann dahinten schwer verwundet worden?«

»Nein, nur an der Schulter. Aber ich wollte ihn töten.«

»Ja. Ich weiß.«

Ein paar Stunden später machten sie eine Ruhepause. »Die scheußlichste Landschaft, die ich je gesehen habe«, brummelte Joan. In jeder Richtung erstreckten sich Felder bis zum Horizont. Das Getreide war geschnitten und vernichtet worden. Keine Tiere waren zu erblicken. Nichts bot sich dem Auge als die nackten Flächen, die in dem anhaltenden Regen ölig und schwarz aussahen.

Mit den Städten blieb es das gleiche. Hatten sie kein eigenes Wasser, waren sie verlassen worden. Die anderen waren bewacht oder apathisch. Je weiter sie nach Osten kamen, desto mehr Fahrzeuge der Army und desto mehr Soldaten waren zu sehen.

»Nach und nach wird die Army überall die Verantwortung übernehmen«, meinte Loudermilch. Wenigstens konnte er da, wo die Army war, damit rechnen, Benzin und Wasser zu bekommen. Immer, wenn das Wasser einigermaßen flüssig war, füllten sie ihre Reservekanister und destillierten das, was sie brauchten. Drei Tage später erreichten sie die Westgrenze von Pennsylvania. Joan schlug vor:

»Ich bringe Sie bis an den Stadtrand von New York City und setze Sie dort ab. Können Sie von da aus zurechtkommen?«

»Und Sie? Wohin wollen Sie als nächstes?«

Sie zuckte kurz die Schultern und antwortete nicht. Loudermilch wandte sich ab und starrte enttäuscht aus dem Fenster. Seit ihrem Geständnis war sie ungezwungener gewesen, hatte ihre Geheimnisse nicht mehr ganz so sorgfältig bewacht. Er hatte das Gefühl, sie habe eine Tür vor ihm zugeschlagen. Sie verschanzte sich wieder hinter der Rolle, die sie in den ersten Tagen der Reise so perfekt gespielt hatte. Er redete sich selbst ein, das kümmere ihn nicht. Und trotzdem war er gekränkt und ärgerlich auf sie. Es war ihr Recht, sagte er sich. Er war nicht ihr Hüter. Was hatte er jetzt zum Schluß noch neugierig zu werden? Doch die Bitterkeit wich nicht von ihm.

Sie berührte seinen Arm, und er drehte sich zu ihr um.

Da Joan gerade fuhr, mußte sie ihre Aufmerksamkeit zwischen ihm und der Straße teilen. Langsam bekannte sie: »Ich habe keinen Ort, wohin ich gehen könnte. Verstehen Sie das nicht? Ich kann die Stadt nicht offen betreten. Man wird meine Papiere verlangen, und vielleicht ist die Polizei immer noch so gut auf Draht, daß auch hier nach mir gefahndet wird. Wahrscheinlich ist es nicht, aber ich kann das Risiko nicht eingehen. Ich will nicht zurück in den Westen. Nie mehr.«

Loudermilch konnte nicht verbergen, wie erleichtert er war. Sie sah ihn nur einen Augenblick an und dann wieder auf die Straße, aber in diesem Augenblick hatte er einen neuen Gesichtsausdruck an ihr entdeckt, ein Lächeln, das sich nur als zärtlich beschreiben ließ.

Sie fuhren schweigend weiter. Zweimal hielten sie an Kontrollpunkten der Army und einmal, um zu tanken und Wasser zu kaufen.

Am späten Nachmittag suchten sie sich einen stillen Platz, wo sie ihr Essen kochen und sich einige Stunden ausruhen konnten. Sie spielten Schach mit den Münzen, und als Loudermilch sich nach dem Dunkelwerden auf den Fahrersitz setzte, nahm Joan neben ihm Platz.

»Morgen früh werden wir da sein, nicht wahr?« Er nickte. »Dann werde ich Ihnen bis dahin Gesellschaft leisten.« Etwas später setzte sie hinzu: »Ich wünschte, so könnte es weitergehen, wir könnten ohne Ziel, ohne etwas zu tun nur immer weiterfahren.«

»Wir haben Glück gehabt«, meinte Loudermilch. »Viel länger würde es nicht mehr anhalten. Ohne meine Presseausweise und

Reisegenehmigungen hätte es nicht einmal bis heute angehalten.«

»Das weiß ich«, gab Joan mit der Spur von Ungeduld zurück, die sich dann und wann bei ihr zeigte. »Aber wünschen darf man ja schließlich.«

Er hatte vergessen, wie lang die Straße war, wie endlos sich die schwarzen Wälder über die Hügel zogen, wie wenige Städte und Kreuzungen es in diesem Gebiet gab. Gegen Mitternacht gähnte Joan, rückte näher an ihn und ließ ihren Kopf an seine Schulter sinken. Er setzte sich so zurecht, daß sie es bequem hatte. Kurz darauf folgte er einem nach Norden zeigenden Wegweiser zu einem Staatspark. Joan setzte sich auf, als er den Wagen anhielt.

»Wo sind wir?« flüsterte sie.

»Ich bin mir nicht sicher«, antwortete Loudermilch. »Abseits der Straße in einem Park.«

Sobald sie erwacht war, hatte sie sich steif aufgerichtet. Sie sah ihn nicht an. Unter den Bäumen war es sehr schwarz und sehr ruhig. Nach einem langen Schweigen sagte Joan: »Also?«

»Ich habe nachgedacht. Tut mir leid.« Kälte kroch in den Bus. »Es wird ein schlimmer Winter werden. Haben Sie Geld?«

»Etwas. Genug. Ich werde den Bus verkaufen.«

»Ja.« Wieder herrschte Schweigen. Sie bewegten sich nicht, bis Loudermilch merkte, daß Joan zitterte. Er legte ihr einen Arm um die Schultern und zog sie eng an sich.

»Machen Sie sich meinetwegen keine Sorgen.« Joans Stimme klang erstickt. »Ich werde schon durchkommen. Ich komme immer durch.«

»Ich weiß. Haben Sie Freunde in der Stadt?«

»Na sicher.«

Sie log. Er war überzeugt, daß sie log. Die Muskeln ihres Arms fühlten sich unter seiner Hand hart an. Sie war ein zähes Mädchen, sagte er sich. Und sie würde bestimmt durchkommen. Plötzlich stieg Ärger in ihm hoch. Barsch erklärte er: »Ich kenne Hunderte von Menschen, die Hilfe brauchen. Alle brauchen sie

Hilfe. Ich habe getan, was ich versprochen hatte. Ich habe Sie in den Osten gebracht. Was wollen Sie sonst noch?«

Die einzige Antwort war ein Geräusch, das sich verdächtig nach einem Kichern anhörte. Er fragte, und immer noch klang seine Stimme ärgerlich: »Wer war der Junge an der Küste, der den Wagen haben sollte?«

»Mein Bruder.«

»O mein Gott. Warum haben Sie mir das nicht gesagt?«

»Weshalb? Ich wollte ihn zu Sue und Hal schicken, und die hätten ihn nicht wieder gehen lassen. Das wußte ich. Ich wollte ihn beschützen, aber er ist ein freier Mensch. Er hatte sich bereits einmal geweigert, sich von Sue und Hal helfen zu lassen. Er wollte allein fertig werden. Er wird es schon schaffen.«

»Das muß in der Familie liegen.«

»Darauf können Sie Gift nehmen.«

Warum lachte sie über ihn? Er wünschte, es wäre nicht so dunkel im Bus, damit er ihr Gesicht hätte sehen können. Sie hatte aufgehört zu zittern, aber die Kälte wurde schlimmer. Sie mußten den Motor wieder anlassen und weiterfahren. »Verdammt, ich kann Sie nicht einfach im Stich lassen«, sagte er. Er sah mehrere unangenehme Möglichkeiten voraus. Wenn er vorschlug, sie mit zu sich nach Hause zu nehmen, würde ihr spöttisches Lachen ihn als alten Lustmolch hinstellen. Oder sie würde beleidigt reagieren und sich weigern, Mildtätigkeit anzunehmen. Sie würde ihm nicht glauben, wenn er behauptete, er wolle sie einfach in seiner Nähe haben, und sie ziehe ihn nicht sexuell an – oder vielmehr, nicht ausschließlich sexuell.

»Carl, Junge, warum rückst du nicht heraus mit einigen dieser Dinge, über die du nachdenkst, damit wir zusammen nachdenken können?«

»Es wird kalt hier drin.«

»Das stimmt.« Sie machte keine Anstalten, sich aus seinem Arm zu lösen, so daß er auch den Motor nicht starten konnte.

»Joan, versprichst du mir, mich nicht auszulachen? Und nicht böse auf mich zu werden?«

»Aber wenn du nun etwas Komisches sagst? Oder mich ärgerst?«

»Verdammt, Joan, ich behalte dich bei mir, und fang deswegen nicht an, mit mir zu streiten, und spiel nicht die Puritanerin!«

»Aber Mr. Loudermilch, ich muß schon sagen! Was wollen Sie damit andeuten?« Sie unterbrach sich und schlang die Arme um seinen Nacken. »Du Affe. Du Pavian. Du blinder Idiot. Ich dachte schon, du würdest überhaupt nichts sagen. Ich hatte mich auf einen festen Händedruck und ein kerniges Lebewohl gefaßt gemacht. Carl, hast du nicht gemerkt, daß ich dir schon vor Tagen gesagt habe, ich liebe dich? Auf dieser nassen Nebraska-Straße? Hast du das gar nicht mitgekriegt?«

Ihre Nase, die sie an seinem Hals rieb, war eisig. »Du frierst ja«, stellte Loudermilch fest. Er streckte seine Hand nach dem Zündschlüssel aus, aber sie hielt ihn zurück.

»Laß es uns besprechen.« Verhaltener Jubel klang aus ihrer Stimme. »Carl Loudermilch, ich fürchte, du wirst entdecken, daß es in meiner Familie nicht allzu viele Puritaner gegeben hat.«

In der Kälte und Dunkelheit sprachen sie miteinander. Er erzählte ihr von seiner ersten Frau und wie mühsam sie sich durchgekämpft hatten und wie er geglaubt hatte, er würde nie wieder jemanden finden, dem er seine Ängste anvertrauen konnte. Sie hörte ihm zu und küßte ihn, bis es sehr spät geworden war. Dann krochen sie hinten in den Bus und liebten sich auf den Schlafsäcken.

Als Carl Loudermilch bei Tageslicht aufwachte, lag sie ruhig in seiner Armbeuge und lächelte hinauf an die Decke. Sie drehte sich ihm zu, und ihr Gesicht war sanfter, als er es je gesehen hatte.

»Du siehst wie ein Teenager aus«, meinte er. Sie nickte. Er berührte ihre Wange, und sie nahm seine Hand und drückte sie einen Augenblick lang gegen ihr Gesicht.

»Komisch«, flüsterte sie. »Die Welt geht unter, und wir werden alle sterben, und doch bin ich glücklicher, als ich seit meiner

Kinderzeit gewesen bin, als ich noch Träume hatte, die erst wahr werden sollten. Weißt du, ich meine die Zeit, wenn man noch nicht erfahren hat, daß die Träume Träume bleiben werden.«

»Ja, ich weiß.« Er streichelte ihre Wange.

»Du mußt fragen, warum ich mich so glücklich fühle.«

»Nun, warum fühlst du dich so glücklich?« fragte er gehorsam.

»Weil du nichts von mir verlangst, und das bringt mich dazu, zu versuchen, dir alles zu geben, was ich kann. Das ist schön. Ich habe gar nicht gewußt, daß es so schön sein kann.« Er lächelte und wollte etwas sagen, aber sie legte ihre schlanken Finger auf seine Lippen. »Warte. Ich habe nachgedacht, und ich muß es jetzt aussprechen, bevor wir auf etwas anderes kommen und ich es vergesse. Die andere Hälfte dieses Gefühls besteht darin, daß ich etwas haben muß, das ich dir dafür schenken kann, und alles, was ich habe, bin ich selbst. Das geht soweit in Ordnung. Aber – ich bleibe bei dir nur so lange, wie das genug ist. Verstehst du? Wenn ich eine Belastung für dich werde oder wenn die Lage schwieriger wird, als sie jetzt ist, oder wenn dein Wasser nicht mehr für uns beide langt, dann gehe ich. Keine Fragen, keine Entschuldigungen, keine Erklärungen. Ich verschwinde einfach wieder in den Kulissen.«

Er umfaßte sie fester. »So etwas darfst du nicht einmal denken. Du darfst es nicht tun, jetzt nicht mehr. Weißt du, was du mir gegeben hast? Ich habe auch nachgedacht. Du hast mir meine Zukunft zurückgegeben. Wir werden nicht sterben. Du nicht und ich nicht.«

Sie lächelte ihn schweigend an.

»Liebling, ich bringe dich auf die Bahamas. Das ist das Land des Sonnenscheins, des blauen Wassers und der leichten Brisen . . .« Sie lachte. »Aber das ist die Wahrheit!« Er erzählte ihr von der Donado. »Das Problem ist, wie wir von New York nach den Inseln kommen, und danach sind wir alle Sorgen los.«

»Ja-a. Warum bist du nicht längst dort?«

»Ich weiß es nicht recht. Ich habe mir eingeredet, ich hätte eine

Aufgabe zu erfüllen, aber ich bin mir nicht sicher, ob ich noch daran glaube. Vielleicht war mein Interesse einfach nicht groß genug.«

»Und jetzt ist es groß genug.« Er fühlte, daß sie sich anspannte, und ihm fiel ein, daß sie den Aberglauben hätte, nur diejenigen, denen alles egal sei, würden durchkommen.

»Okay«, meinte sie schließlich. »Es gibt also doch eine sichere Stelle. Und Glasberge und verwunschene Wälder und Ritter und Tarnkappen . . .«

»Joan, hör auf! Warum bist du nicht mit Sue Mumford auf die Farm ihres Vaters gegangen?«

Sie zuckte die Achseln. »Ich wollte nicht. Das wäre nur eine andere Art von Gefängnis gewesen. Ich dachte, in wenigen Monaten würde es dort auch nicht anders sein als überall sonst in der Welt. Mein Interesse war nicht groß genug.«

»Wenn ich eine Möglichkeit finde, dich auf die Donado zu bringen, wirst du dann mit mir gehen? Auch wenn ich dich in einem Sack an Bord eines Flugzeugs schmuggeln und als fotografische Ausrüstung oder dergleichen deklarieren muß?«

»Ja«, antwortete sie leise. »Ich gehe mit dir, Carl. Aber Gott helfe uns beiden.«

Er war so glücklich, als sei jetzt alles geregelt. »Wir wollen in die Stadt fahren, in meine Wohnung, und dort versuchen wir, die Donado über Funk zu erreichen.«

14. November

Gail hörte in der Kajüte, die sie mit Hugh teilte, daß Sam in der Kombüse herumklapperte. Es waren keine störenden Geräusche. Ein Objektträger stieß an den Ausguß aus rostfreiem Stahl. Ein Stuhl wurde leise über den Fußboden gezogen. Sie warf einen Blick zu Hugh hinüber, der friedlich schlummerte. Sein Gesicht verriet keine Spur der Erschöpfung, die Sams Züge gezeichnet und sie selbst nervös und reizbar gemacht hatte. Sie wünschte, Sam würde wieder zu Bett gehen und schlafen, wie Hugh es ihm befohlen hatte, und sie wußte, er würde es nicht tun. Er war zu besessen von seiner Arbeit, um sich die Zeit zum Schlafen zu nehmen. Wenn nur Hugh nicht aufwachte und es wieder zu einem Streit zwischen den beiden kam! Hugh hätte Sam nicht ins Bett kommandieren sollen, dachte Gail. Das war ein taktischer Fehler gewesen, einer, den Sam nicht vergeben konnte.

Statt wieder einzuschlafen, begann Gail, nach Entschuldigungen für Hugh zu suchen. Er wußte, daß es sinnlos war, sich so anzutreiben, daß am Ende der mehr erreichte, der sich methodisch und regelmäßig ausruhte. Aber wie konnte er seelenruhig schlafen, wenn es so viel zu tun gab? Wie brachte er es fertig, alle Sorgen abzuschütteln? Warum kümmerte es ihn nicht mehr?

Vorsichtig stand Gail auf. Wenn sie in der Kajüte blieb, würde sie Hugh aufwecken, und sie war ganz und gar nicht in der Stimmung, mit ihm zu reden. Auch wenn sie sich noch so oft sagte, daß er recht hatte, daß die Vernunft auf seiner Seite war – gefühlsmäßig konnte sie seine Haltung nicht akzeptieren. Sam arbeitete sich zu Tode, und Hugh nahm alles auf die leichte Schulter, und sie ertrug es nicht, zwischen ihnen beiden zu stehen.

Leider ließ sich die Energie nicht gleichmäßig auf beide verteilen. Sam verhielt sich unklug, und am Ende würde er es zu bereuen haben, aber er konnte nicht aufhören. Es war möglich, daß er etwas entdeckte, das der Mühe wert war.

Gail zog sich ganz leise an. Ihre Sandalen trug sie in der Hand, bis sie außerhalb der Kajüte war. An der Tür drehte sie sich noch einmal um, und ihr Blick blieb an einem Bild hängen, das Hugh von allen seinen Fotos am meisten liebte. Er war ein Schwarm Fliegender Fische, entzückender, fünfzehn bis achtzehn Zentimeter langer Geschöpfe, in dem Moment aufgenommen, wo sie aus dem Wasser sprangen. Noch glitzerten Tropfen auf ihren durchsichtigen, flügelähnlichen Brustflossen. Das war eine

Aufnahme, wie sie einmal unter einer Million gelingt. Wahrscheinlich konnte sie nie mehr wiederholt werden, ja, vielleicht würde kein Mensch mehr so etwas noch einmal zu sehen bekommen. Gail fühlte ihre Kehle eng werden. Auch Hugh tat etwas Wichtiges. Er war nicht bloß der Playboy, für den alle Welt ihn ansah. Er hielt die See und ihre Geschöpfe im Bild fest. Daran arbeitete er schwer, und wenn seine Arbeit auch sein Vergnügen war, wurde ihre Bedeutung dadurch nicht gemindert. Gail hörte einen Objektträger fallen und zerbrechen, und sie schloß die Kajütentür. Früher einmal war das Fotografieren wichtig gewesen, heute nicht mehr. Vielleicht würde es nie mehr wichtig sein.

Sam beugte sich über den Ausguß. Im ersten Augenblick dachte sie, ihm sei übel, doch dann drehte er sich zu ihr um, und auf seinem Gesicht lag ein schiefes Lächeln.

»Wir haben Phase drei erreicht – oder ist es schon Phase dreizehn? Die Fische sterben von neuem. Nicht gerade die kleinen, sondern die größeren ab einer Länge von sechs Zentimetern. Sie werden steif und sterben. Sauerstoffmangel im Wasser, vermute ich. Ich bin mir nicht sicher.«

Gail trat neben ihn und blickte in den Ausguß. Ein vierzehn Zentimeter langer Schweinsfisch schwamm träge in einer Plastikschüssel umher. Sie sah Sam fragend an.

»Heute morgen hatte ich in meiner Falle sieben lebendige Fische und neun, die entweder beim Einholen oder kurz darauf starben. Die Ursache konnte ich nicht feststellen. Sie waren einfach tot.«

»Was haben Sie vor? Können Sie Untersuchungen durchführen, um die Todesursache festzustellen?«

Sam zuckte die Schultern. »Bis jetzt habe ich drei seziert, und ich habe nichts herausgefunden.«

»Kann ich etwas tun?«

Er sah sie an, und dann wanderte sein Blick unwillkürlich zu der Kajütentür. »Sie sollten sich lieber ausruhen«, brummte er, ohne sie noch einmal anzusehen.

»Ich habe genug Ruhe gehabt. Ich muß etwas tun. Das können Sie sicher verstehen, auch wenn –« Sie hielt inne, weil sie merkte, daß sich ein hysterischer Ton in ihre Stimme eingeschlichen hatte. Sehr ruhig beendete sie ihren Satz: »Ich möchte Ihnen helfen, Sam. Sagen Sie mir, was ich tun kann.«

Sams Herz tat einen Sprung. Er wandte sich zu ihr, aber sie hielt ihre Augen auf die unnatürlichen Bewegungen des Schweinsfischs gerichtet. Er wagte es nicht, seine Hand von der Kante des Ausgusses zu lösen; ihr Zittern hätte ihn verraten können. Er mußte irgend etwas zu ihr sagen, und dabei konnte er nichts anderes denken als daran, wie hinreißend sie aussah. Endlich brachte er hervor: »Ich möchte tauchen und etwas Wasser aus vierzig Fuß Tiefe heraufholen. Ich möchte wissen, ob die Fische sich erholen, wenn sie wieder in normales Wasser gesetzt werden, und ob sich ihr Blut dann ändert . . . Es gibt so vieles, das wir nicht wissen.«

Gail zögerte nur einen Augenblick, dann antwortete sie: »In Ordnung. Ich mache mich fertig.« Sie wollte gehen, aber er faßte ihren Arm.

»Mit mir tauchen können Sie nicht. Ich gehe geradenwegs nach unten und komme wieder nach oben, sobald ich die Beutel gefüllt habe. Ich hätte gern, daß Sie sie an die Oberfläche ziehen. Versuchen Sie nicht, sie an Bord zu holen, ziehen Sie sie nur hoch. Okay?«

»Sie dürfen nicht allein tauchen. Sie kennen die Vorschriften . . .«

»Gail, vergessen Sie für ein Weilchen die Vorschriften, die er gemacht hat. Sehen Sie nicht ein, daß es an der Zeit ist, einige dieser Vorschriften zu brechen? Verdammt noch mal, die Welt stirbt, und Sie und Hugh denken an Vorschriften.« Er konnte seinen Ärger nicht mehr beherrschen, er atmete schwer. Gail löste ihren Arm aus seinem Griff und trat einen Schritt zurück. »Verzeihung«, stammelte Sam. Er drehte sich um und stieg an Deck. Langsam folgte sie ihm.

Es war anstrengend, in der heißen Sonne die Beutel hochzuziehen. Gail mußte die Augen schließen, weil ihr Blick verschwamm.

»Zum Teufel, was tust du hier?« Hugh packte sie grob und riß sie von der Reling weg, und sie ließ die Leine zurückgleiten. Plötzlich hatte sie gar keine Kraft mehr in den Händen. Sie fühlte sich benommen, taumelte gegen Hugh und wäre beinahe zu Boden gesunken.

»Wieder in Ordnung?« Hughs Stimme klang rauh vor Besorgnis und Ärger.

»Natürlich. Du hast mich nur erschreckt.«

»Das war nicht der Grund. Du hast dich von diesem Bastard beschwatzen lassen, stimmt's? Wirst du schon ebenso verrückt wie er? Was denkt ihr beiden euch eigentlich?«

»Wenigstens versuchen wir, etwas zu tun! Wir sind nicht bereit, unser Leben zu verschlafen und auf bessere Zeiten zu hoffen. Ich mußte ihm helfen, Hugh. Ich mußte es versuchen. Es ging mir sehr gut, bis du mich gepackt und erschreckt hast.«

Hugh wandte sich ärgerlich von ihr ab, trat an die Reling und sah nach unten. Sam tauchte gerade auf, und Hugh half ihm an Bord. Noch bevor Sam seine Maske abgenommen hatte und wieder zu Atem gekommen war, polterte Hugh los: »Wenn Sie Gail noch einmal dazu verleiten, sich derartig anzustrengen, setze ich Sie auf der erstbesten Insel an Land. Haben Sie verstanden? Es macht mir nichts aus, wenn Sie sich selbst umbringen, aber ziehen Sie Gail nicht mit hinein!«

Gail legte die Hand auf Hughs Arm. »Hugh, hör auf! Er hat mich nicht dazu verleitet. Ich wollte mithelfen. Ich habe ihn gefragt, ob ich ihm helfen könnte.«

Sam rang hilflos nach Luft. Seine Lippen waren blau, sein Gesicht wachsbleich. »Er verliert das Bewußtsein, Hugh!« rief Gail. »Tu doch etwas!«

Hugh murmelte eine Verwünschung vor sich hin. Halb zog, halb trug er den unglücklichen Sam die Stufen hinunter und durch die Kombüse und legte ihn auf seine Koje. Er zog ihm die

Taucherausrüstung aus, rieb ihn mit einem Handtuch trocken, deckte ihn zu und kehrte zu Gail zurück, die in der Kombüse auf ihn wartete.

»Ihm fehlt weiter nichts. Er muß sich nur eine Stunde ausruhen.« Gails Augen blieben an der Tür von Sams Kajüte hängen. Hugh drehte sich um und sah Sam schwankend im Eingang stehen.

»Was ist geschehen?« krächzte Sam. »Die Leine fiel zurück . . . Dachte, es sei Ihnen etwas passiert . . . Bin zu schnell aufgetaucht . . .«

»Um Gottes willen!« brüllte Hugh. »Gehen Sie in Ihr Bett und bleiben Sie dort, oder ich werde Sie festbinden!«

Statt dessen torkelte Sam weiter vor und setzte sich auf einen Stuhl. »Es ist schon vorbei. In einer Minute werde ich mich hinlegen. Warum sind Sie so aufgebracht?«

»Sie verdammter Möchtegern-Märtyrer! Sehen Sie uns drei mal an. Gail hat in der prallen Sonne gestanden und eine Last durch dies schwere Wasser gezogen. Beinahe hätte sie das Bewußtsein verloren. Sie hatten gerade eben einen Zyanose-Kollaps.« Er holte tief Atem, und er merkte, daß er sich in seinem Zorn mehr anstrengte, als er es seit Wochen bei der Arbeit getan hatte. Seine Wut wuchs. »Ich will keinen von euch beiden noch einmal abschleppen müssen. Ich will nicht, daß einer von dreien liegenbleibt und nicht wieder aufstehen kann. Ich will nicht, daß die Befehle, die ich an Bord meines Schiffes gebe, ignoriert werden. Verstehen Sie mich?«

Sam starrte Gail entsetzt an. »Ich wußte nicht . . . ich habe nicht daran gedacht . . . ich hatte vergessen, wie anstrengend es für Gail sein würde . . . Sind Sie in Ordnung, Gail?«

Unfähig, einen von beiden Männern anzusehen, nickte sie. Ziellos begann sie, Kaffee zu machen, und da erblickte sie Sams Schweinsfisch, jetzt tot, in der Schüssel. Mit einem Aufschrei wandte sie sich ab, rannte davon und warf sich auf ihr Bett. Als Hugh ein paar Minuten später in die Kajüte kam, tat sie, als schlafe sie. Er ging leise wieder weg. Später hörte sie von neuem streitende Stimmen. Dann merkte sie aus dem Motorengeräusch und dem Gefühl der Bewegung, daß sie nach Coral Harbor zurückfuhren. Müde erhob sie sich und strich ihre Kleider glatt. Sie ging an Deck und fragte Hugh, ob er Hilfe brauche. Er starrte geradeaus und antwortete kurz: »Nein.«

»Wie geht es Sam? Hat er sein Wasser heraufgeholt?«

»Ich habe sein verdammtes Wasser heraufgeholt. Und dem tapferen kleinen Wissenschaftler geht es gut. Prima geht es ihm.«

»Wohin fahren wir jetzt? Ich dachte, wir würden bis Ende der Woche hier draußen bleiben.«

»Frag Sam Brooks.« Plötzlich fluchte er und riß das Ruder herum. Das dicke Wasser bildete neue Kanäle und machte die Navigation schwierig. Gail wußte, daß sie ihn nicht ablenken durfte. Also ging sie in die Kombüse und traf Sam dabei an, wie er seine Ausrüstung zusammenpackte.

»Was ist zwischen Ihnen und Hugh vorgefallen?« fragte sie.

»Nichts. Ich bin mit dieser Phase fertig. Wir haben genug Proben gesammelt.«

»Das ist nicht wahr. Sam, sehen Sie mich an! Warum fahren wir zurück?«

Sein Gesicht war immer noch blaß, seine Lippen blau. Er drehte ihr den Rücken zu und verstaute eine Schachtel mit Reagenzröhrchen in einer Tasche.

Gail wußte, daß er es ihr nicht sagen, es vielleicht nicht einmal selbst denken mochte. Sie wandte sich zum Gehen.

»Ich liebe Sie«, sagte Sam plötzlich.

Gail blieb stehen. Sie wünschte, er hätte geschwiegen, sie wünschte, er wäre für immer aus ihrem Leben verschwunden.

»Sie und Hugh können wieder hinausfahren, nachdem Sie mich abgesetzt haben«, sprach Sam zu ihrem Rücken. »Vielleicht wird Loudermilch zu euch kommen, und ihr könnt in Ruhe abwarten, bis das hier auf die eine oder andere Weise vorbei ist. Ich werde meine Arbeit an Land fortsetzen. Es wird das beste sein . . .«

»Sie wissen, daß Ihre eigentliche Arbeit draußen auf See zu tun ist. Das haben Sie selbst tausendmal gesagt.«

»Schon recht. Aber diese Geschichte mit ›John liebt Mary, Mary liebt George‹ funktioniert nicht. Das ist alles.« Gail setzte sich von neuem in Bewegung. »Gail, versuchen Sie doch wenigstens, mich zu verstehen«, flehte Sam. »Ich mußte es Ihnen sagen, bevor ich weggehe. Ich werde Sie niemals wiedersehen. Das wissen wir beide, aber ich konnte Sie nicht einfach stillschweigend verlassen.«

Gail wollte nichts mehr hören. Sie ging in ihre Kajüte und lehnte sich mit geschlossenen Augen an die Tür. Was sollte aus den Untersuchungen werden? Tat irgendwer etwas so Wichtiges wie Hugh und Sam? Aus Loudermilchs Berichten gewannen sie den Eindruck, daß die Antwort nein war.

Und wenn sie selbst wegging und beide Männer bat, mit ihrer Arbeit fortzufahren . . . Wenn sie versprach, in ein paar Monaten zurückzukehren . . . Zusammen bildeten sie ein großartiges Team. Jeder hatte die Eigenschaften, die dem anderen fehlten. Allein konnte keiner von beiden hoffen, etwas zu erreichen. Der Gedanke brachte ihr wenig Trost. Gail wischte sich die Tränen von den Wangen. Sie verabscheute es, zu weinen. Sogar die Tränen waren ein Zeichen dafür, daß es mit der Welt zu Ende ging. Sie rieb ihre klebrigen Finger. Jetzt konnte sie den Brief noch nicht schreiben. Vielleicht später.

Endlich gelang es ihr, eine kurze Nachricht zu verfassen. Darin sagte sie nur, sie könne es nicht mehr ertragen, auf See zu bleiben, sie brauche festen Boden unter den Füßen. »Bitte, versucht für mich und für alle die Menschen, die von den Ergebnissen Eurer gemeinsamen Arbeit abhängen, die Untersuchungen fortzuführen . . .« Sie legte den Kopf auf ihre Arme und weinte wieder, diesmal vor Enttäuschung und vor Zorn auf Sam Brooks, der diese Entscheidung erzwungen hatte. Wenn er doch nur den Mund gehalten, nicht ausgesprochen hätte, was sie bereits wußte! Was mußte der Narr um ihr Verständnis bitten, wenn er es bereits hatte! Es war ihr klar, welche Überlegungen zu seiner Erklärung geführt hatten. Er fürchtete, er könne seine Meinung wieder ändern, bleiben und eine Gemeinsamkeit fortführen, die eine Qual für ihn war. Nachdem die Worte einmal heraus waren, hatte er seine Entscheidung unwiderruflich gemacht. Sie las ihren Brief nochmals durch und steckte ihn unter Hughs Kissen.

Gail sah nach ihrem Geld und stellte zu ihrer Überraschung fest, daß sie hundertsiebzehn Dollar in ihrer Tasche hatte. Gott sei Dank, dachte sie, daß ihnen beiden nicht besonders viel am Geld lag. Sie wußte, daß Hugh reich war, aber es war nie von Bedeutung gewesen. Und ihr Mann hatte Geld auf ihr Bankkonto überwiesen, als sie sich getrennt hatten. Bei dem Gedanken an ihren Mann fühlte sie Erleichterung, daß sie sich nicht einmal mehr sein Gesicht vorzustellen vermochte. Er war für sie nichts weiter mehr als ein Name. Früher einmal hatte sie geglaubt, er sei der Grund, warum Hugh ihr nie einen Heiratsantrag gemacht hatte. Die Scheidung war erst ausgesprochen worden, nachdem sie schon mit Hugh gegangen war, und dann war alles beim alten geblieben. Jetzt war sie froh darüber.

Was würde sie ihren Eltern erzählen? Erst als diese Frage in ihr auftauchte, wurde ihr klar, daß sie die Absicht hatte, nach Hause zu gehen. Ihre Eltern brauchten sie. Sie verstand, was vor sich ging, sie wußte, wie man mit dem veränderten Wasser und den Nahrungsmitteln umzugehen hatte. Sie wollte sich um ihre Eltern kümmern, urd sie würde wieder Frieden finden. Nach nichts sehnte sie sich so sehr wie nach Frieden.

In Coral Harbor lud Sam seine Sachen in das wartende Auto. Er machte Anstalten, noch einmal an Bord zu kommen, doch als er Gail an der Reling stehen sah, winkte er nur zum Abschied und fuhr davon. Hugh fragte sie, ob sie Lust habe, mit ihm in die Stadt zu gehen, und das war seltsam. Sonst hatte er immer vorausgesetzt, daß sie mitkommen würde, und sie hatte es auch immer getan. Jetzt schüttelte sie den Kopf, und er war erleichtert.

»Vielleicht gehe ich wirklich besser allein. Ich weiß nicht, wie die Lage in der Stadt ist, aber ich nehme an, sie ist nicht gut. Ich werde besorgen, was ich kann, und rechtzeitig zum Dinner zurück sein. Du brauchst nichts vorzubereiten. Wenn ein Restaurant geöffnet ist, essen wir dort. Wenn nicht, koche ich heute abend. Okay?«

»Okay«, antwortete sie mit einem leichten Lächeln. Er fuhr fort, sie anzusehen, und in seinen Augen stand eine Frage geschrieben. Er berührte flüchtig ihre Lippen und ging davon.

Gail wartete, bis er außer Sicht war. Dann verließ sie mit ihrem Köfferchen ebenfalls die Donado. Im Clubhaus erfuhr sie, daß am Abend ein Boot nach Miami hinüberfuhr.

Um Mitternacht kam sie dort an. Die Straßen waren überfüllt mit Menschen. Gail hatte beinahe vergessen, daß ein solches Gedränge möglich war. Niemand bewegte sich schnell, aber die Leute bildeten eine feste Masse, und es war unmöglich, sich gegen den Strom zu bewegen. Man konnte sich nur von der Menschenwoge mittragen lassen. Wohin wollten sie alle? Was suchten sie am Hafen? Die Hafenanlagen machten einen provisorischen Eindruck. Gail fiel ein, daß sie nach den verheerenden Stürmen in aller Eile wiederhergestellt sein mußten. Die Luft roch nach Fäulnis und Verfall und Schmutz, und ein kürzlich niedergebranntes Warenhaus schwelte noch. Gail kam nur sehr langsam voran. Jemand wollte ihren Koffer wegreißen, doch in einem Reflex faßte sie fester zu und zog ihn zurück. Der Angreifer war ein kleiner Junge, nicht älter als zehn. Er sah sie mit riesengroßen dunklen Augen an, und sie erschauerte. Das waren die hoffnungslosen Augen eines Kindes, das wußte, es würde niemals erwachsen werden.

Gail entdeckte das Ziel der Menschenmenge: einen Flugzeugträger. Die Leute drängten sich über einen Metallsteg zu ihm hin und kamen auf einem anderen zurück. Sie verstand. Der Flugzeugträger diente als Versorgungsdepot. Es war vorgekommen, daß die Menschen Gebäude gestürmt hatten, wenn die Wasser- und Essensvorräte erschöpft waren. Der Flugzeugträger konnte einfach auf hohe See hinausfahren. Gail sah sich um und erblickte überall den gleichen Gesichtsausdruck wie bei dem Jungen. Alle waren schmutzig und hungrig und ohne Hoffnung.

Plötzlich wurde Gail von Furcht übermannt. Sie versuchte, sich freizukämpfen. Sie mußte sich von dieser Menschenmasse loslösen. Endlich gelang es ihr. Sie rannte los, fiel hin, lag auf den Knien und weinte heftig.

»Du haben Kohlen, Schwester?« Eine rauhe Hand hob sie hoch. Sie sah in das dunkelhäutige Gesicht eines kleinen Mannes in den Fünfzigern. Er betrachtete sie aufmerksam und nickte. »Ich dich beobachten. Du haben Kohlen.« Seine gebrochene Redeweise ließ vermuten, daß er einer der Flüchtlinge aus Kuba war.

»Nicht in dem Koffer«, antwortete Gail nach einem Augenblick des Zögerns. Wenn er sie hätte berauben wollen, hätte er es längst tun können. Sie war mehrere Minuten lang völlig hilflos gewesen.

»Ja, das ich denken. Ich meinen, auf Bank. Ich mich um dich kümmern. Okay?«

»Können Sie mich in ein Hotel bringen?«

»Wenn du bezahlen. Viel bezahlen.«

»Wieviel?«

Der dunkelhäutige kleine Mann zuckte die Schultern. »Wieviel dein Leben wert?« Nach einer kurzen Pause setzte er munter hinzu: »Allein du nicht kommen bis nächste Ecke. Taxis nicht da. Sie warten in Seitenstraßen. Sie nehmen Wasser, Essen, alles.«

Die nächste Stunde war ein Alptraum. Der Mann, eine Hand fest um ihren Arm geklammert, schob sie durch die Menschenmenge und stieß diejenigen, die sich zu langsam bewegten, brutal zur Seite. Sie erreichten einen kleinen Wagen, in dem bereits drei andere Leute saßen, und sie mußten warten, bis er nach einem weiteren Vorstoß in die Menge mit noch zwei Personen zurückkam. Während er weg war, ließ er einen Jungen zur Aufsicht da. Der Junge, etwa sechzehn, ließ die Menschen in der Gasse, wo der Wagen geparkt war, keine Sekunde aus den Augen. Eine Hand hatte er ständig in seiner Jacke. Endlich konnte die Fahrt losgehen. Der ältere Mann stieg ein. Der Junge hing sich an den leeren Fensterrahmen.

Zweimal hielt das kleine Auto, bevor sie ein Hotel erreichten, in das der Fahrer Gail führte. Er wartete, bis sie ein Zimmer bekommen und eine Woche im voraus bezahlt hatte. Dann kassierte er seine hundert Dollar.

»Ich wiederkommen, morgen, nächsten Tag. Du brauchen Wasser, Essen. Okay?«

Sie zuckte müde die Schultern, und der Mann ging. Gail hatte das Gefühl, sie würde umfallen, wenn sie nicht bald ins Bett gehen und für lange Zeit darin bleiben könnte. Sie war schmutzig und roch nach dem Hafen und nach Rauch und nach den ungewaschenen Körpern, die sich gegen sie gedrückt hatten.

»Keine Aufzüge, Miß. Keine Elektrizität. Treppe ist da drüben.« Der Hotelangestellte wies mit seinem Daumen über die Schulter.

Sie starrte ihn an. »Ich kann keine sieben Stockwerke hochsteigen. Haben Sie kein Zimmer im ersten oder zweiten Stock frei?«

»Das schon, Miß. Aber das kostet mehr.«

»Wieviel mehr?«

»Siebter Stock fünfundzwanzig pro Tag. Fünfter Stock fünfzig pro Tag. Dritter Stock fünfundsiebzig pro Tag. Zweiter Stock hundert pro Tag. Erster Stock hundertfünfzig pro Tag.«

Das leierte er herunter, als habe er es schon viele Male hergesagt.

Gail schwankte und hielt sich an dem hohen Pult fest. »Ich habe Ihnen für eine Woche hundertfünfundsiebzig Dollar bezahlt. Geben Sie mir ein Zimmer im zweiten Stock. Morgen werde ich Ihnen Bescheid geben, wozu ich mich entschlossen habe.«

Er nahm ihr den Schlüssel mit der Nummer 716 ab und gab ihr einen anderen mit der Nummer 211. »Das Zimmer muß bis elf Uhr vormittags geräumt werden«, erklärte er.

Für zwei weitere Dollar erhielt Gail eine Spielzeug-Taschenlampe, mit deren Hilfe sie das Zimmer fand. Als sie die Tür öffnete, hätte sie am liebsten von neuem geweint. Das Badezimmer war mit einem Vorhängeschloß verspeert. Im Hotel gab es kein Wasser. Ohne sich auszuziehen, ließ sie sich auf das Bett fallen.

Der Mittag des nächsten Tages war vorüber, als sie das Zimmer verließ. Sie fühlte sich schwach vor Hunger und fieberte vor Durst. In dem ersten Restaurant, das sie betrat, stellte sich ihr eine Kassiererin in den Weg und verlangte ihre Bezugscheine zu sehen.

»Schon wieder eine«, stellte sie verächtlich fest. »Raus mit Ihnen. Bringen Sie Ihre Bezugscheine mit.«

»Ich habe keine. Was für Bezugscheine?«

»Wollen Sie mich auf den Arm nehmen?« Die fette Kassiererin betrachtete Gail von oben bis unten. Dann brüllte sie: »Milt! Komm her!«

Milt hatte die Hemdärmel über seine Bizeps hinaufgerollt und zeigte seine haarigen, dicken Arme. Sein Gesicht bemerkte Gail gar nicht. Ihr Kopf war ganz leicht. Fast war ihr alles gleichgültig.

»Sie hat keine Bezugscheine, Milt. Sieh sie dir an. Gleich kippt sie um.«

»Soll ich Erste Hilfe leisten, oder was willst du von mir?«

»Ich will, daß du ihr Kaffee und eine Scheibe Toast gibst, und ein Glas Wasser auch.«

Mit schwacher Stimme meldete Gail sich zu Wort: »Könnten Sie mir wohl sagen, was für Bezugscheine ich brauche und wo ich sie bekomme? Dann gehe ich und besorge sie mir. Ich wußte wirklich nicht . . .«

Noch bevor sie merkte, daß sie schwankte, legte sich ein Arm um sie, jemand drückte sie auf einen Stuhl und hielt ihr ein Glas Wasser an die Lippen. Sie trank durstig. Das Wasser war dick und schmeckte faulig, aber es belebte sie. Milt brachte nicht nur Kaffee, sondern auch Toast und Gelee und eine Orange. Sie hatten sie in das Büro hinter dem Restaurant gebracht. Gail sah zu Milt und der dicken Blondine hoch, die, seit sie ihr in das Zimmer geholfen hatte, mehrmals ein und aus gegangen war.

»Warum haben Sie mir geholfen? Heutzutage müssen mehr Leute auf Ihrer Türschwelle zusammenbrechen.«

»Lady«, erwiderte Milt, »Sie haben noch einen schweren Tag vor sich. So, wie Sie aussahen, konnte ich Sie nicht zum Bezugscheinamt schicken, und wenn Sie keine Bezugscheine bekommen, werden Sie morgen noch schlimmer dran sein.« Ärgerlich setzte er hinzu: »Und außerdem will Doll nicht mit mir leben, wenn ich nicht drei oder vier Mahlzeiten pro Tag verschenke.«

Gail lächelte Doll an. »Danke. Es handelt sich nicht um das Geld. Ich kann dafür bezahlen . . .«

Doll nickte. »Das weiß ich. Aber ohne die Bezugscheine ist das Geld nur Papier, falls Sie keine Beziehungen haben. Haben Sie vielleicht welche?« Einen Augenblick lang hellte sich ihr Gesicht auf, bis Gail den Kopf schüttelte. »Schon gut. Sie müssen zur Stadtverwaltung gehen. Und dort werden Sie eine lange Schlange vorfinden. Bis zum Dunkelwerden ist geöffnet.«

Sie erläuterten ihr, an welcher Stelle früher oder später ein Bus halten würde und wie sie zur Stadtverwaltung käme. Ganz langsam wanderte Gail die Straße hinunter. Sie mußte fünf Stunden anstehen, und am Ende erhielt sie ihre Bezugscheine, aber zuerst mußte sie sich beschimpfen lassen, weil sie die Antragsformulare nicht richtig ausgefüllt hatte. Jetzt war kein Restaurant mehr geöffnet. Sehr hungrig und durstig kehrte Gail in ihr Hotel zurück. Im Speisesaal gab es Wasser, das ebenfalls dick und übelschmeckend war. Sie nahm einen Schluck und trug den Rest sehr vorsichtig in ihr Zimmer. Es würde eine Zeit kommen, wo selbst dies Wasser ihr einladend scheinen würde. An diesem Abend war der elektrische Strom bis zehn Uhr eingeschaltet. Gail saß am Fenster, hörte Radio, sah auf die Stadt hinunter und fragte sich, was sie tun solle. Ihr wurde klar, daß sie nicht imstande war, Miami zu verlassen. In gewisser Weise gab es noch Reiseverkehr, aber es würde Monate dauern, bis sie für irgendein Verkehrsmittel eine Genehmigung bekam, und schon in den nächsten Wochen mußten sämtliche Verbindungen zusammenbrechen. Also mußten sie und Tausende anderer, die irgendwohin unterwegs waren, in Miami bleiben. Und was tun? Verhungern?

Das Radio sandte den neuesten Bericht über die »Tänzer«.

Vor dem Weißen Haus hatten sich zweihundert Menschen, alle mit langen Haaren, versammelt. Sie hüpften seit zwanzig Minuten von einem Fuß auf den anderen, und einige von ihnen waren bereits unsicher auf den Füßen. In ihrer Mitte stand eine Tafel, auf der in großen schwarzen Blockbuchstaben zu lesen war: »WENIGER WORTE, MEHR WASSER.«

Von den sich ansammelnden Zuschauern kamen Rufe wie: »Los, fall um!« »Geht nach Hause, ihr Verrückten.« »Habt ihr nichts Besseres zu tun?« »Dreckige Kommunisten!«

Ein Krankenwagen fuhr auf den Bürgersteig, dann noch einer, und die Zuschauer gröhlten den Fahrern zu, sie versperrten ihnen die Sicht. Dann brach die erste Tänzerin bewußtlos zusammen, und die Zuschauer klaschten begeistert Beifall.

Ein Krankenpfleger ging zu ihr. Es war eine Frau mittleren Alters. Er fühlte ihren Puls und winkte eine Bahre herbei. Sie schoben die Frau in einen der Krankenwagen und warteten. Bald darauf fielen die Tänzer einer nach dem anderen um. Die Pfleger beluden vier Krankenwagen, und als diese voll waren, wurden Armeelastwagen benutzt.

Einer der Helfer beugte sich über einen jungen Mann und rief: »He, Frank! Der hier kann warten. Er ist tot.« Die Zuschauer jauchzten. Wenigstens einer überschätzte jedesmal seine Kräfte und blieb tot auf dem Platz. Dadurch gewann das Ritual an Glanz. Zuletzt stand nur noch ein acht Jahre alter Junge auf den Füßen. Keuchend blickte er auf den Körper seiner bewußtlosen Mutter hinab und n begann zu weinen. Zwei Soldaten hoben ihn zusammen mit seiner Mutter in einen Lastwagen. Einer der Helfer war ebenfalls umgekippt. Gail stellte das Radio ab.

Morgen mußte sie zur Bank gehen und Geld abheben. Niemand würde einen Scheck annehmen. Der Hoteldirektor hatte sich geweigert und sie daran erinnert, daß sie im voraus zu bezahlen habe. Gail ging zu Bett, aber sie war zu hungrig, um gleich einzuschlafen, und als sie doch in einen unruhigen Schlummer verfiel, träumte sie lebhaft von Hugh und der Donado und dem schönen glitzernden Wasser, in dem sie früher auf den Korallenriffen geschwommen waren.

Als sie aufwachte, fühlte sie sich noch schwächer als zuvor. Mit großer Mühe kleidete sie sich an, ging auf die Straße und suchte nach einem geöffneten Restaurant. Für ein Ei, Kaffee, Toast und Wasser mußte sie $ 12.95 bezahlen. Auf der Bank erfuhr sie, daß die Konten durch Regierungserlaß eingefroren waren und daß sie, falls sie keinen Geschäftsbetrieb hatte, nur fünfhundert Dollar pro Monat abheben konnte.

Der Bankangestellte redete auf sie ein, aber sie hörte ihm nicht zu. Der kleine Mann, der sie am Hafen gerettet hatte, würde zurückkommen. Ihm würde es gelingen, ihr ein billigeres Zimmer zu besorgen, ein Zimmer mit einem Herd, so daß sie selbst kochen konnte. Vielleicht gab es auch Arbeit für sie . . . Es drang in ihr Bewußtsein, daß sie die fünfhundert Dollar morgen abholen solle. Der kleine Mann wird die ganze Summe für sich verlangen, dachte sie. Sie hatte jetzt nicht einmal mehr fünfzig Dollar in der Tasche.

Gail stellte sich um Essen und um Wasser an. Sie nahm ihre Zuteilung, die aus einem Stück trockenem Brot, einem undefinierbaren Stück Fleisch und einem Löffelvoll gekochter weißer Bohnen bestand, in ihr Hotelzimmer mit. Am nächsten Morgen war es kälter geworden. Die Sonne verbarg sich hinter den gewohnten Wolken. Gail zitterte vor Kälte. Sie würde sich einen Mantel oder wenigstens eine Strickjacke kaufen müssen, und das konnte sie sich nicht leisten, ehe sie nicht ein Zimmer gefunden hatte.

Schaudernd stand sie in der Schlange. Sie war sehr hungrig, und sie fragte sich, ob ihr Gesicht auch schon den Ausdruck der Hoffnungslosigkeit trug wie alle anderen. Es wurde beim Schlangestehen nicht viel geredet. Dazu waren alle zu müde. Nur wenn sich jemand vordrängen wollte, wurde geschimpft, aber auch das ohne Energie. Wie die meisten anderen Leute aß sie ihre Ration an Ort und Stelle auf. Heute morgen hatte es nur Brot und Kaffee gegeben. Ein Anschlag verkündete, daß bestimmte Geschäfte von vierzehn bis achtzehn Uhr geöffnet seien und welche Bezugscheine man mitzubringen habe. Gail besaß sie nicht. Sie würde noch einmal aufs Bezugscheinamt gehen müssen. Warum hatte diese blöde Frau ihr nicht gleich alle gegeben, die sie brauchte? Sie hätte weinen können, doch statt dessen ging sie zur Bank.

Sie fror, und das Köfferchen mit ihrer mageren Garderobe wurde zu einem schweren Gewicht. Ihr Rücken schmerzte, und in ihren Schläfen hämmerte es.

Es hupte hinter ihr. Sie drehte sich um und erblickte den kleinen Mann vom Hafen. Er grinste sie an. »Mitfahren, Lady?«

Sie trat an den Wagen. »Können Sie mir ein Zimmer mit einem Herd besorgen? Ein billiges Zimmer?«

»Was ist billig? Vielleicht ich finden ein Zimmer. Billig?« Er zuckte mit den Schultern.

»Wieviel?«

»Zweihundert für mich. Zimmer vielleicht achtzig die Woche.«

Gail biß sich auf die Unterlippe. Schließlich nickte sie. »Zuerst muß ich zur Bank. Können Sie mich hinfahren?«

»Kostet zehn.«

In der Bank zählte Gail ihre Scheine, als sie ihren Namen rufen hörte. Sie fuhr herum und sah Hugh. Sie ließ das Geld fallen, und der Mann vom Hafen bückte sich und sammelte es auf. Sie warf Hugh die Arme um den Hals, dann trat sie einen Schritt zurück und starrte ihn an.

»Wie bist du hergekommen? Wie hast du mich gefunden? Wo ist die Donado?«

»Später, Schatz, später. Erst wollen wir machen, daß wir hier wegkommen.« Er faßte den Mann, der Gails Geld aufgelesen hatte, am Arm. Der Mann gab Gail die Scheine zusammen mit einer schmutzigen Karte. Hugh begann, die Banknoten zu zählen, aber Gail hielt seine Hand fest.

»Er ist ehrlich«, meinte sie mit einem leisen Lächeln. »Teuer, aber ehrlich.«

Der kleine Mann grinste. »Dein Freund abhauen, du kommen zu mir, Lady. Okay?« Damit verschwand er.

Gail und Hugh gingen zusammen weg. »Die Donado liegt weiter unten an der Küste«, erzählte Hugh. »Brooks bewacht sie. Wir sollten machen, daß wir hinkommen.«

Er hatte sogar einen Wagen gemietet. Gail wagte gar nicht, an die Kosten zu denken. Sie fuhren schnell die Küste entlang. »Ich habe in den Banken nachgefragt, bis ich die gefunden hatte, wo du gestern gewesen bist«, berichtete Hugh. »Der Schalterbeamte gab mir deine Adresse, zwar nicht bereitwillig, aber gegen entsprechende Bezahlung. Als ich zum Hotel kam, warst du schon ausgezogen. Ich wußte, du würdest Geld abheben müssen. Doch wenn ich dich heute auf der Bank verpaßt hätte . . .« Er beendete den Satz nicht.

»Hugh, es tut mir leid. Ich habe mich dumm benommen.«

»Es braucht dir nicht leid zu tun. Ich bin beinahe froh, daß du es getan hast. Mir war gar nicht ganz klar, was ich für dich empfinde. Aber als ich fürchten mußte, ich hätte dich verloren . . . Eine Stunde später, und ich hätte dich nie mehr wiedergefunden.« Hugh hielt den Wangen an und wandte sich ihr zu. »Alles wird in Ordnung kommen, Schatz. Sam und ich haben uns ausgesprochen.« Mit einer Andeutung seines früheren bissigen Humors setzte er hinzu: »Brooks ist, was die Liebe betrifft, sowieso eher ein Romantiker als ein Praktiker. Du kannst ihn dich ruhig aus sicherer Entfernung anbeten lassen. Okay?« Er strich mit einem Finger leicht über ihre Stirn, ihre Wangen und ihren Mund. Dann drückte er sie schweigend an sich. Sie weinte leise vor sich hin. »Ich liebe dich sehr, Gail«, sagte er. »Jetzt laß uns nach Hause fahren.«

Loudermilch stapfte langsam durch den Schnee. Er war auf dem Weg nach Hause und hoffte, vor Einbrechen der Dunkelheit dort zu sein. Nirgendwo wurden die Straßen geräumt; die schweren Schneemassen ließen sich nicht wegschaufeln. Sie hatten die Konsistenz von Karamell und zogen sich in dünne Fäden, anstatt sauber auseinanderzubrechen. Folglich häufte sich der Schnee an. Die Straßen waren sehr ruhig und sehr sauber. Loudermilch hatte die Stadt noch nie so sauber gesehen. Sobald der kalte Nordwind aufhörte, würde sie wieder stinken. In manchen Gebieten war der Geruch übelkeiterregend, aber im Augenblick gab es nur klare, kalte Luft.

Loudermilch kam an dem Wasser-Depot in seiner Nachbarschaft vorbei und nickte einigen der dort anstehenden Leute zu. Alle waren sie in der gleichen Lage, fast immer hungrig, durstig, frierend . . . Er hatte dieses Bild schon zu oft gesehen, um noch darüber nachzudenken. Die Menschen hatten sich in Decken, in Zeitungspapier, in Pelzmäntel gehüllt, aber schlangestehen mußten sie alle. Und sie beteten, der Wasservorrat möge nicht erschöpft sein, bevor sie an die Reihe kämen. Das passierte manchmal, und dann tauchten Soldaten mit Pistolen und Bajonetten auf, und hinter ihnen standen weitere Soldaten mit Tränengasbomben.

Niemand wußte, wie viele Menschen in den letzten sechs Monaten in New York gestorben waren. Wer zählte sie noch? Niemand wußte, wie viele in den kommenden sechs Monaten noch sterben würden. Es würden mehr sein als zuvor. Sie wurden immer schwächer. Das kam von den Auswirkungen des dicken Wassers und wahrscheinlich noch mehr von zu wenig Nahrung, vom Trinken vergifteten Flußwassers, von Krankheiten, die mit der PON-Gallerte zwar nichts zu tun hatten, aber heutzutage nicht behandelt werden konnten.

Ein natürlicher Ausgleich, hatte er vor einigen Wochen geschrieben. Früher war das Anwachsen der menschlichen Bevölkerung durch Seuchen und Kriege und Mißernten beschränkt worden, und auch jetzt wurden die Schwächsten durch Seuchen und Mißernten dahingerafft. Die erste Grippewelle hatte Millionen von Opfern gefordert, und das war erst der Anfang.

Loudermilch war vor seinem Wohnhaus angekommen. Er begann die Treppen emporzusteigen. Auf jedem Absatz machte er Pause. Bis er an seine Tür kam, atmete er schwer. Was war das? Streitende Stimmen? Wurde Joan von irgendwem belästigt? Er konnte die Worte nicht verstehen, aber der Tonfall war zornig.

Er schloß die Tür auf, und Joan küßte ihn. Sie hielt ein Glas in der Hand und grinste. »Du hast verdammte Freunde.«

Automatisch verschloß Loudermilch die Tür. »Gerald Travis!«

Travis war auf ihn zugetreten und schüttelte ihm kräftig die Hand. »Ich freue mich, dich zu sehen, Carl. Du siehst schrecklich aus.«

»Du auch, du Hurensohn. Was tust du hier? Warum bist du nicht in London?«

»Im Augenblick« – Travis blickte zu Joan hinüber – »versuche ich, mich hinreichend zu beherrschen, um dieses wilde Weib nicht umzubringen.«

Joan lachte. »Er beherrscht sich nicht, sondern er respektiert meine Muskeln.« Sie trat an den Tisch, wo unter einer Wärmplatte eine Kerze brannte.

Als sie den Deckel von der Schüssel hob, wurde Loudermilch von dem Duft fast überwältigt. »Wißt ihr, was meine Mutter immer gesagt hat? Erst essen, dann reden. Mit einem vollen Magen sieht alles besser aus.«

Travis faßte Loudermilchs Arm und zog ihn an den Tisch, wo für drei Personen gedeckt war. »Deshalb hätte ich sie umbringen können. Es ist mein Essen. Ich konnte nicht einsehen, warum wir auf dich warten sollten. Ich fragte sie, was wir tun sollten, wenn du die ganze Nacht nicht auftauchen würdest, und sie sagte, warten. Weiter nichts! Nur: ›Warten‹.«

Joan teilte eine undefinierbare Brühe aus, die sie Gourmet-

Suppe nannte. Niemand widersprach. Travis hatte außer dem Fleisch, aus dem die Suppe gekocht war, noch Wein mitgebracht, und so wurde aus dem Abendessen eine Party. Travis begann zu erzählen.

»Es geht etwas vor, das unsere Jungen in England zum ersten Mal in den letzten fünf Monaten von den Stühlen gerissen hat. Sie sind irgendeiner Entdeckung auf der Spur. Ich habe das Gefühl, daß man hier auch darüber Bescheid weiß. Im Wood's Hole Oceanographic Institute, von wo ich gerade komme, ist man auch ganz aufgeregt. Weißt du von dieser Sache?«

Loudermilch schüttelte den Kopf. »Ich habe in den letzten Wochen zuviel damit zu tun gehabt, die Vereinten Nationen dazu zu bewegen, ihre Informationen nicht länger geheimzuhalten. Wenn wirklich eine Entdeckung gemacht worden ist, könnte sich alles sehr schnell ändern.« Nachdenklich runzelte er die Stirn. »Manny Friedman müßte es wissen, aber, bei Gott, es ist so gut wie unmöglich, nach Washington zu gelangen.« Loudermilch erwähnte nicht, daß er seit einem Monat vergeblich versuchte, eine Reisemöglichkeit für zwei Personen nach den Bahamas zu finden.

»Ich hatte mir vorgestellt, einer der Wissenschaftler bei den Vereinten Nationen könnte eingeweiht sein.«

»Davon weiß ich nichts. Heute habe ich Boronows Gruppe besucht. Sie versuchen immer noch, einen Stoff zu finden, der das Polymer ausfällt. Bisher haben sie kein Glück gehabt.« Loudermilch rief sich in die Erinnerung zurück, was er den ganzen Tag im UN-Gebäude gehört und gesehen hatte, und schließlich nickte er. »Trotzdem könntest du recht haben. Es sind weitere Wissenschaftler eingetroffen. In den Treppenhäusern gab es mehr Aktivität als sonst. Und als ich wegging, wurden gerade Laternen hinaufgebracht. Die werden von Stockwerk zu Stockwerk getragen, je nachdem, wo gerade gearbeitet wird.«

»Du bist viel zu erschöpft, um heute abend noch einmal zum UN-Gebäude zu laufen«, warf Joan plötzlich ein. Nach einem Blick auf Loudermilchs Gesicht sagte sie schnell: »Übrigens möchte ich mitgehen. Ich hänge mir eine Kamera um und spiele deine Assistentin.«

Nach kurzer Besprechung machten die drei sich auf den Weg.

In dieser Nacht liefen im UN-Gebäude die Generatoren, und in verschiedenen Fenstern war Licht. Loudermilch führte Travis und Joan in den siebten Stock. Sie stiegen langsam hinauf und machten des öfteren Pause. Für die Aufzüge reichte der elektrische Strom nicht. Loudermilch hatte inzwischen erfahren, daß in Zimmer 7002 eine Konferenz stattfand, aber das war auch alles. Als er den Anschlag mit den Namen der Teilnehmer entdeckte, begann er zu schimpfen.

»Vernon, Krasney, Ko. Das sind die, die befohlen haben, die Weizenernte zu vernichten. Wenn sie eine weitere Entdeckung dieser Art gemacht haben, möge der Himmel uns beistehen.«

Sie mußten in einem Vorraum warten. Wenig später kam ein Mann hindurch, der in den Konferenzsaal wollte. Es war Ciardin, der französiche Genetiker. Loudermilch nickte ihm zu. Ciardin zögerte, dann zuckte er die Schultern und verschwand durch die Tür, ohne einen Ton zu sagen.

»Er wird uns informieren, wenn es sonst niemand tun will«, erklärte Loudermilch. »Ich kenne ihn seit dreißig Jahren.« Er fing Joans Blick auf. »Seit dreißig Jahren«, wiederholte er. Joan grinste nur.

Zwei Stunden später wurde ihnen erlaubt, mit Krasney und Ciardin zu sprechen. Der Franzose ergriff das Wort. »Natürlich darf das folgende noch nicht veröffentlicht werden. Nicht eher, als bis wir es nachgeprüft haben, und das kann noch eine oder zwei Wochen dauern. Doch es scheint, daß wir eine neue Nahrungsquelle gefunden haben, nach der so verzweifelt gesucht worden ist. Es ist eine Algenart, die in Südamerika und wahrscheinlich auch in den Sümpfen von Florida vorkommt, obwohl letzteres nicht ganz sicher ist.«

Joan betrachtete ihn mit zusammengekniffenen Augen. »Wenn das nicht veröffentlicht werden darf, warum sagen Sie es uns denn? Sie wollen, daß darauf angespielt wird, nicht wahr?«

Ciardin sah Loudermilch fragend an. »Sie ist meine neue Assistentin«, informierte dieser ihn. »Ich werde es ihr später erklären.« Ciardin nickte, sah aber immer noch zweifelnd drein.

»Wir rüsten ein Schiff der Navy aus, um ein Team von Wissenschaftlern nach Südamerika zu bringen. Sie werden die Algen und ihre Fundorte untersuchen. Weitere Expeditionen werden andere tropische Sumpfgegenden erforschen. Wenn sich die Meldungen als wahr erweisen, wird das dringlichste Problem, wie die Menschen ernährt werden können, bis wir ein Mittel finden, das Polymer zu vernichten . . .«

»Nehmen Sie uns mit nach Südamerika«, verlangte Joan. »Carl kann an Ort und Stelle Berichte schreiben.«

Einen Augenblick lang sah Ciardin sie mörderisch an. Er wandte sich an Loudermilch mit der Absicht, sie völlig zu ignorieren. Joan fügte mit Nachdruck hinzu: »Wenn Sie es nicht tun, werde ich in ganz New York ausposaunen, daß Sie das ideale Nahrungmittel entdeckt haben und daß ihr von den Vereinten Nationen euch den Bauch damit vollschlagt und die Armeen damit füttert, aber daß andere Leute nichts davon bekommen sollen, bis die Bevölkerung um noch wenigstens ein Drittel reduziert worden ist.«

Ciardin ballte die Hände so krampfhaft zu Fäusten, daß die Knöchel weiß hervortraten. Travis meinte leise: »Joan, hör auf. Das könnte eine Panik hervorrufen . . .«

»Na klar«, sagte sie. Sie wandte ihren Blick nicht von Ciardins blassem, ärgerlichem Gesicht ab. »Er weiß, was die Leute tun werden, wenn sie das hören. Sie werden es glauben, nicht wahr, Sportsfreund?«

»Es liegt in unserer Absicht, zivile Beobachter mitzunehmen«, erklärte Ciardin langsam. »Ein bekannter wissenschaftlicher Journalist wie Sie, Loudermilch, wäre uns sehr angenehm. Aber Fotografen brauchen wir nicht.« Dabei sah er zu Joan hinüber.

Joan lachte laut heraus. »Wann geht die Reise los?« fragte sie.

Als sie das Gebäude verließen, fiel leichter Schnee. Arm in

Arm wanderten sie zu dritt dahin. Loudermilch begann zu lachen. Einen Augenblick später stimmte Travis mit ein, und sie lachten auf dem ganzen Nachhauseweg.

Am Freitag gingen sie an Bord. Joan wurde eine winzige Kajüte zugewiesen, in die sie Loudermilch sofort einlud. Er ließ seinen Koffer dort. Das Essen auf dem Schiff war gut. Die Destillieranlage war so groß, daß man sogar duschen durfte. Am ersten Nachmittag wusch Joan ihr Haar, und sie weinte beinahe, als es wieder seidig und locker wurde. Sie hatte schon ganz vergessen, wie schön Haar sich anfühlen konnte.

»Wie hast du das geschafft?« fragte Travis, als sie später im Speisesaal zusammentrafen. Er blickte ungläubig um sich. »Gutes Wasser, himmlischer Kaffee, Fleisch . . . Joan, bist du eine Hexe?«

Sie lachte geheimnisvoll. »Dieser Bastard wollte hier ein bißchen und da ein bißchen durchsickern lassen, gerade genug, um all den armen Menschen ein bißchen Hoffnung zu geben, ohne ihnen wirklich etwas zu verraten. Gott, wie ich solche Kerle hasse! Ich wußte, er würde es mit der Angst bekommen. Die Leute könnten aufwachen und ihm und seinesgleichen die Haut abziehen.« Sie nippte an ihrem Wasser, als sei es Champagner. »Man muß mit ihm so umspringen, wie ich es getan habe, stimmt's, Jungens?«

Nach dem Essen sprach Loudermilch mit den Wissenschaftlern, und Joan blieb allein. Später hörte er sie singen, und als er Ausschau hielt, sah er, daß sie irgendwo eine Gitarre gefunden hatte und daß eine Gruppe von Männern sich um sie drängte. Für die nächsten anderthalb Stunden sang sie Volkslieder. Anscheinend kannte sie jedes Lied, dessen Anfang man ihr zurief. Sie hatte eine hübsche, leicht heisere Stimme, die die hohen Töne sicher traf. Es war sehr angenehm, ihr zuzuhören.

Zwei Tage später passierten sie Bimini und in der Nacht darauf die Südspitze von Florida. Joan hatte ihre Wollsachen abgelegt und trug Bermuda-Shorts. Als sie die Küste von Britisch-Honduras erreichten, von wo Algenfunde gemeldet worden waren, war sie wieder so braun wie damals, als Loudermilch sie kennengelernt hatte.

»Sehen Sie.«

Ciardin stand mit Loudermilch an der Reling, als die Küste am Horizont auftauchte. Er wies jedoch nicht auf die Küstenlinie, sondern auf eine an der Oberfläche des Wassers treibende Masse, die wie ein Haufen dunkler Schwämme wirkte. Mit Haken wurde das Zeug an Bord geholt. »Blaugrüne Algen«, brummte Ciardin vor sich hin, während er es studierte. »Völlig wild. Sehen Sie sich mal diese Größe an!«

Joan machte eifrig Aufnahmen aus verschiedenen Winkeln. Als jemand rief, es sei noch mehr davon da, wandte sie sich dem Meer zu und fotografierte die Algen im Wasser. Überrascht stellte Loudermilch fest, daß sie sehr gut mit einer Kamera umgehen konnte. Sie grinste. »Das hat mich ja damals in Schwierigkeiten gebracht, mein Schatz.«

»Eine Kamera? Wie das?«

»Kannst du dir vorstellen, daß es sich um schmutzige Bilder handelte?« Er nickte, und sie lachte entzückt. »Ich glaube, das ist der Grund, warum ich dich liebe, du Unschuldslamm.« Loudermilch sah ihr zu, wie sie mit ernstem, konzentriertem Gesicht arbeitete. Als er sich wieder der Gruppe von Wissenschaftlern zuwandte, lag ein leichtes Lächeln auf seinem Gesicht. Ciardin sah gerade von der Algenmasse hoch und grinste.

»Ich glaube, das ist es, mein Freund«, meinte er. »Probieren Sie.«

Loudermilch nahm ihm den Algenzweig aus den Fingern und steckte ihn vorsichtig in den Mund. Er hatte genau den Geschmack von frischem Kohl, und die Flüssigkeit, die daraus hervordrang, war nicht dick. Loudermilch bückte sich und pflückte ein weiteres kleines Stück. Es brach glatt ab, und an den Bruchstellen glitzerten Wassertropfen. Er berührte einen dieser Tropfen, und er fühlte sich so dünn an, wie Wasser sein sollte.

Sie sammelten mehr von den Algen ein, und während der ganzen Nacht wurden ihre Eigenschaften untersucht. Die Algen waren eßbar und nahrhaft, voller Vitamine und Mineralien. Obwohl sie wenig Protein enthielten, würden sie zusammen mit Fischmehl zur vollständigen Ernährung ausreichen. Man konnte sie roh oder als Gemüse gekocht oder getrocknet und pulverisiert verwenden.

In jener Nacht wurde auf dem Schiff ein Fest gefeiert. Das Dinner bestand aus Seebarschen, die aus sehr tiefem Wasser heraufgeholt waren, und aus verschieden zubereiteten Algen. Danach überkam alle eine angenehme Müdigkeit, und so wurde eine weitere Eigenschaft der Algen entdeckt. Sie enthielten ein natürliches mildes Schlafmittel.

»Genau das, was die Welt am meisten braucht«, bemerkte Loudermilch faul zu Joan, die neben ihm einnickte. Sie schliefen zwei Stunden lang, und als sie erwachten, fühlten sie sich besser als seit Monaten.

Zwei Wochen lang blieben sie in den warmen Gewässern vor der Küste Südamerikas und untersuchten die Algen. Sie wuchsen im Seewasser und im Brackwasser, in Sümpfen und Lagunen und breiteten sich landeinwärts in den Flüssen aus. Die Süßwasser-Algen waren kleiner, und doch hatten sie noch zwölf Zentimeter lange Blätter. Sie wuchsen zu Klumpen zusammen, die die als erstes entdeckten dunklen Massen bildeten. Sie stellten fest, daß die Klumpen weiter draußen, fern von der Brandung und den Küstenströmungen, noch weit größer waren.

Dann ging es nach Norden zurück. Loudermilch schrieb einen ausführlichen Bericht über die Entdeckung. Dazu kam ein Dutzend von Joans Fotografien. Je näher sie an Florida herankamen, desto schweigsamer wurde Joan.

»Was ist los?« fragte Loudermilch.

»Ich denke nach«, erwiderte sie. »Mir ist, als sei ein Wunder geschehen. Gerade als der gesamte Verkehr zusammengebrochen war und wir in New York in der Falle saßen, bekamen wir die Gelegenheit, in die Karibische See zu fahren – dahin, wohin wir von Anfang an wollten.«

Loudermilch faßte ihre Schultern und drehte sie zu sich herum. »Du bist tatsächlich eine Hexe«, stieß er heiser hervor. »Das hast du von vornherein beabsichtigt, nicht wahr?«

Sie nickte stumm. Sie wich seinem Blick nicht aus. »Praktisch ist das Verrat«, meinte Loudermilch schließlich. »Ich werde für den Rest meines Lebens auf die schwarze Liste kommen.«

»Mit mir nicht«, stellte sie ernst fest.

Er ließ sie los und blickte auf den seltsamen Ozean hinaus. »Wir müßten eine verflucht lange Strecke schwimmen.«

»Stell dich doch nicht so dumm an! Wir werden ein Rettungsboot abstauben. Hinter Bimini. Ich werde singen und sie ablenken, und du läßt währenddessen das Boot zu Wasser.«

Loudermilch mußte so lachen, daß er sich an der Reling festhielt, um das Gleichgewicht nicht zu verlieren. Zwei Nächte später verließen sie das Schiff und ruderten eine Stunde lang, bevor sie den Motor anließen. Im Morgengrauen kamen sie an Gun Cay vorbei und hielten sich nach Osten. Am späten Nachmittag entdeckten sie in weiter Ferne die Donado, und als sie näher herankamen, war Loudermilch gar nicht überrascht, daß von der Reling in Netzen Algen hingen, die in der Sonne trockneten.

Glücklich sagte er zu Joan: »In diesem Augenblick beginnt Phase elfhundertsieben.«

10. Januar

Der Himmel klärte sich auf, und Hugh Winthrop rollte sich aus seiner Koje. Er klopfte an die Tür der Kajüte, in der Joan und Carl Loudermilch schliefen, um sie aufzuwecken, stieg an Deck und sah sich den Himmel an. Die Sonne war noch nicht sichtbar, aber in der stillen Morgenluft hingen bauschige Wölkcken. Winthrop dachte über die heute zu erledigenden Arbeiten nach. Kurz darauf gesellte sich Loudermilch zu ihm. Keiner von beiden sprach. Sie beobachteten den Sonnenaufgang.

»Was sollen wir wegen Sam unternehmen?« fragte Loudermilch schließlich, ohne Winthrop anzusehen.

Dieser hatte sich in Gedanken gerade auch mit Sam beschäftigt. »Mir fällt nichts weiter ein, als seine Messungen in eine nützliche Richtung zu lenken. Von seiner fieberhaften Aktivität können wir ihn nicht abbringen. Carl, wir müssen uns damit abfinden, daß Sam Brooks' Psyche labil ist.«

»Du drückst es sehr vornehm aus, Hugh. Unter normalen Umständen würde Sam zumindest Beruhigungsmittel bekommen. Ich weiß nur nicht, wie wir ihn zu einem Arzt schaffen sollen. Er bildet sich ein, vollkommen normal zu sein. Ob wir ihm Medikamente ins Essen tun könnten?«

»Vielleicht. Aber ich finde, wir sollten lieber versuchen, seine Energie unter Kontrolle zu halten. Er ist ein brillanter Wissenschaftler, und er kann immer noch eine wichtige Entdeckung machen. Vielleicht können wir . . .«

»Auf was warten warten wir noch? Los, los, die Sonne ist schon aufgegangen.« Das war die Stimme von Sam Brooks. Er hatte auf Deck in einem Schlafsack geschlafen, und er rief dies zu den beiden anderen hinüber, noch ehe er ganz herausgekrochen war. »Der Wind ist nicht schlecht. Wir sollten heute auf dem Riff einen guten Tag haben. Seid ihr fertig?«

Winthrop antwortete in beruhigendem Ton: »Ja, sobald wir gefrühstückt haben. Möchtest du den Kaffee machen, Sam?«

»Okay, aber wir sollten uns beeilen.« Brooks stieg die Kajütentreppe hinunter, und sie hörten ihn in der Kombüse herumklappern. Gails Stimme ließ sich vernehmen. Sie sagte zu Sam, sie werde sich um den Kaffee kümmern. Winthrop sah Loudermilch an und zuckte die Schultern. Sie hörten, daß Joan Brooks aus der Kombüse scheuchte, damit sie Gail beim Frühstück helfen konnte. Brooks kam zurück ins Cockpit und schlug vor: »Warum legen wir nicht schon ab, während die Mädchen das Frühstück machen? Wir können unterwegs essen.«

»Okay, Sam«, seufzte Winthrop.

Zehn Minuten später waren sie aus dem Hafen heraus und unterwegs zum südwestlichen Riff. Nach einer weiteren Viertelstunde brachten die Mädchen Rühreier, Schinken und dampfenden Kaffee herauf. Winthrop steuerte, während er aß, die

Donado mit einem Bein, das er um die Ruderspinne geschlungen hatte. Sobald sie das Riff erreicht und geankert hatten, sprang Brooks ins Wasser. Gail legte Maske, Flossen und Schnorchel an und schwamm über ihm, um ihn im Auge zu behalten. Brooks maß die Temperatur, die Viskosität, den Salzgehalt und die Leitfähigkeit. Er hatte die Theorie aufgestellt, daß es einen Zusammenhang zwischen der Leitfähigkeit des Wassers und seiner von der PON-Gallerte hervorgerufenen Viskosität gebe. Ohne die Spur eines Beweises zu haben, glaubte er, er brauche nur genügend Daten zu sammeln, um eine Korrelation berechnen zu können. Dann mochte es möglich sein, die PON-Gallerte zu eliminieren und normales Wasser zu produzieren. Folglich führte er stundenlange Messungen durch, bis er völlig erschöpft war. Den Rest des Tages legte er Tabellen und Zeichnungen an und jagte seiner Korrelation nach.

Winthrop setzte fest, wie Carl, Gail und Joan sich in der Bewachung Sams abwechseln sollten, legte seine eigene Taucherausrüstung an und ließ sich mit seiner Kamera ins Wasser gleiten. Hundert Meter entfernt von der Stelle, wo Brooks arbeitete, stieß er auf den Grund. Er wollte sichergehen, daß die Meeresbewohner, die er beobachtete, ungestört von menschlicher Aktivität waren. Unter einem Vorsprung des Korallenriffs suchte er Deckung und wartete.

Alle Lebewesen benahmen sich normal in der neuen Art, die sie wegen der Viskosität des Wasser angenommen hatten. Viele von ihnen waren bereits in dem dicken Wasser geboren; sie kannten nichts anderes. Aber eine ganze Reihe hatte mehrere Jahre gelebt, bevor das Wasser dick wurde, und diese hatten ihr Verhalten geändert. Es hatte Winthrop viele, viele Wochen gekostet, in denen er auf dem Grund lag und die Meeresbewohner beobachtete, bis er wieder das gleiche Gespür für normales Verhalten wie einst hatte.

Am gestrigen Tag hatte er bei einigen der größeren Fische kleine Abweichungen festgestellt. Besonders die Papageifische bewegten sich nichts mehr schnell, und doch machten die Papageifische plötzlich vereinzelte Ausfälle. Es starben auch keine Fische mehr auf die Art, wie sie es anfangs getan hatten, als das Wasser dick wurde.

Winthrop beobachtete. Eine blauköpfige Wrasse schoß eine Strecke vor, die gut und gern ihre ganze Körperlänge von drei Zentimetern betrug. Ein Gelbschwanz-Schnapper schnellte sich plötzlich in die entgegengesetzte Richtung. Ein Paar kleiner Schmetterlingsfische zitterten in der Nähe eines Edelsteinkärpflings und wurden gleich darauf wieder so langsam wie gewöhnlich. In anderthalb Stunden zählte Winthrop fünf schnelle Bewegungen bei den unterschiedlichsten Fischarten. Das war ein abweichendes Verhalten, und es starben keine Fische mehr.

Als sein Luftvorrat zu Ende ging, kroch er behutsam unter dem Vorsprung hervor, tauchte auf und schwamm zur Donado zurück. Als Gail fragte: »Wie war es?« antwortete er nicht. Er starrte aufs Meer hinaus und vergaß sogar, seine Preßluftflasche abzunehmen. Carl kam an Deck und wollte etwas sagen, aber Gail winkte ihm zu, still zu sein. Gemeinsam beobachteten sie Winthrop. Dieser fuhr geistesabwesend mit dem Daumen unter das Gummiband seiner Badehose und streifte etwas Sand ab, der sich dort festgesetzt hatte. Dann rieb er den Sand zwischen Daumen und Zeigefinger und sah ihn sich an. Er merkte, daß Gail und Carl zu ihm hinüberblickten. Er nickte und lächelte, legte seine Ausrüstung ab und verstaute sie. Dann starrte er wieder aufs Wasser.

Nach einiger Zeit begann er leise: »Es geht etwas vor, aber ich weiß noch nicht, was. Ich habe den Eindruck, daß die Wirkungen des dicken Wassers nachlassen. Aber das Wasser sieht noch immer gleich aus.« Er wies mit der Hand auf die Wellen. »Unten auf dem Riff scheint sich jedoch alles wieder zu normalisieren. Das anfängliche Sterben hat aufgehört. Die Fische schießen manchmal plötzlich vorwärts. Es sieht so aus, als wollten sie versuchen, ob sie es noch können. Ich möchte ein paar Aufnahmen machen, um sicherzugehen, daß sie nicht auf ein bestimmtes Ziel losstürzen. Wo ist denn Sam?« Er blickte um sich. »Ich möchte wissen, ob sich die Viskosität irgendwie geändert hat. Wenn ja, könnte das eine Erklärung für das Verhalten der Fische sein.«

»Er ist wieder nach unten gegangen«, antwortete Loudermilch. »Joan bewacht ihn – da drüben.« Er wies auf eine Stelle, die fünfzig Meter von der Donado entfernt war. Winthrop sah, daß Joan auf der Wasseroberfläche lag, leicht mit den Füßen paddelte und auf den Grund blickte. Zehn Meter neben ihr stiegen Sams Luftblasen hoch.

»Wann wird er nach oben kommen?« fragte Winthrop.

»Er muß jeden Augenblick auftauchen«, berichtete Gail. »Er ist mit seiner zweiten Preßluftflasche schon beinahe dreißig Minuten unten.«

»Gut. Ich werde mir ein Bier genehmigen, während ich auf ihn warte.« Gail, die sich der Eisbox am nächsten befand, reichte ihm eine Flasche.

Loudermilch meinte: »Wenn du Sam erzählst, du glaubst, daß die Wirkungen nachlassen, wird er fragen, welchen Beweis du hast. Und wenn du nichts hast, was er als Beweis gelten läßt, wird er in die Luft gehen.«

Gail setzte hinzu: »Er wird von Tag zu Tag gereizter. Wenn du ihn aufregst, wird das Leben für uns an Bord nur schwerer werden. Ob es das wert ist?«

Winthrop hatte beiden nicht zugehört. Er sagte: »Ich kenne die Ursache nicht. Ich kann mir auch keine denken. Vielleicht weiß Sam es, aber das bezweifele ich. Er sucht keine Antworten mehr. Er will nur noch Daten sammeln. Komisch, daß mir das jetzt erst klar wird. Solche Menschen sind mir auch früher schon begegnet. Sie sind so eifrig damit beschäftigt, alles zu sammeln, zu messen, in Tabellen einzutragen und darüber zu diskutieren, daß ihnen entgeht, um welches Problem es sich eigentlich handelt.«

Loudermilch sah ihn an und nickte. Auch er hatte derartige Leute kennengelernt, wenn es bei ihnen auch nicht ganz so schlimm gewesen war wie neuerdings bei Brooks. Aber als er gerade seine Gedanken in Worte kleiden wollte, kletterte Joan an Bord und verkündete: »Er ist auf dem Weg nach oben. Kann ich ein Bier haben?«

Loudermilch reichte ihr eine Flasche. Joan fiel das gespannte Schweigen im Cockpit auf. Sie sah Loudermilch scharf an, und dann trank sie kommentarlos ihr Bier aus.

Brooks brüllte von unten: »Kann mir jemand meine Ausrüstung abnehmen?«

Gail nahm sie in Empfang und half ihm an Bord. Winthrop beobachtete ihn, wie er seine Tauchersachen ablegte. Als Brooks sich erschöpft hinsetzte, um die Flossen abzustreifen, fragte Winthrop: »Gibt es eine Änderung der Viskosität, Sam?«

Brooks nickte. »Ja.« Er war so außer Atem, daß ihm das Sprechen Mühe bereitete. »Ich habe einen leichten Anstieg festgestellt. Er beträgt . . .«

»Einen A n s t i e g? Bist du sicher? Sind deine Messungen genau?«

Brooks war beleidigt. »Natürlich sind sie genau. Im Durchschnitt ist die Viskosität um ein Prozent gestiegen. Ich kann dir die graphische Darstellung des Trends zeigen, sobald ich damit fertig bin.«

Winthrop ließ das Thema fallen und starrte weiter aufs Wasser hinaus. Brooks, immer noch verdrießlich, daß seine Genauigkeit angezweifelt worden war, ging nach unten, um sich etwas zu essen zu holen. Loudermilch fragte so leise, daß Brooks es nicht hören konnte: »Hat das deine Theorie umgeworfen, Hugh? Die Viskosität ändert sich in der falschen Richtung.«

Winthrop schüttelte den Kopf. »Ganz im Gegenteil. Die Viskosität steigt, wenn Sams Zahlen richtig sind, aber die Fische benehmen sich, als nehme sie ab. Das ist ein schlagender Beweis dafür, daß hier draußen im Meer etwas geschieht. Die Lebewesen passen sich an. Carl, irgendwo liegt hier die Antwort. Wir haben nichts weiter zu tun, als sie zu finden.«

Die anderen sahen ihn und sich an, und niemand zweifelte daran, daß er recht hatte. Gail meinte: »Du weißt, ich bin davon überzeugt, daß Sams Messungen richtig sind, aber ich glaube nicht, daß dieser neue Anstieg viel zu bedeuten hat. Jedenfalls wird die Anstiegsrate geringer, und er kann da unten in einen Wirbel oder auf das falsche Niveau geraten sein.«

Loudermilch sagte zu Winthrop: »Weißt du, was ich versucht bin zu tun? Ich möchte einem halben Dutzend strategisch verteilter Leute über Funk mitteilen, daß jetzt jeden Tag eine Entdeckung gemacht werden kann, wie dem schweren Wasser beizukommen ist. Die Nachricht wird sich mit Windeseile verbreiten, und sie wird unzähligen Menschen neue Hoffnung geben. Hältst du das für falsch?«

»Nun, sogar ich finde, dafür ist es ein bißchen zu früh«, gab Winthrop zurück. »Laß uns noch ein paar Tage warten.«

Loudermilch schüttelte den Kopf. »Hugh, du hast in den letzten Monaten zu schwer gearbeitet. Du bist fast die ganze Zeit unter Wasser, ohne Kontakt mit der Welt gewesen. Du weiß gar nicht richtig, in welcher Lage die Menschheit sich befindet. Ich will es dir erzählen.« Loudermilch setzte sich hin. »Etwa fünfzig Prozent der Weltbevölkerung sind tot. Kannst du dir das vorstellen? Im Durchschnitt jeder zweite Mensch. Aber die armen Länder sind schwerer getroffen worden. Da, wo die Menschen für ihren Lebensunterhalt harte körperliche Arbeit leisten müssen, beträgt die Sterblichkeitsrate oft achtzig Prozent. Ganze Völker sind praktisch ausgerottet worden. Länder, in denen die Landwirtschaft größtenteils mechanisiert ist, sind besser davongekommen. Sie haben eine Sterblichkeitsrate von vielleicht zwanzig Prozent. In den Vereinigten Staaten beträgt sie fünfzehn Prozent. Aber selbst hier steigt sie, besonders bei Säuglingen. Stillende Mütter können nicht mehr stillen, weil die Milch zu dick ist. Also steht auch uns ein Anstieg der Todesfälle bevor, und wieder hauptsächlich unter den Armen.«

Joan starrte ihn an. »Carl, warum hast du uns das nicht erzählt?«

»Ich hatte keinen Grund dazu. Jetzt hört zu. Ganze Tiergattungen sterben aus. Die Jungen verschiedener Säugetierarten können einfach nicht überleben. Die Evolution vollzieht sich vor unseren Augen. Holsteiner Kühe mit vergrößerten Euteröffnungen können ihre Kälber säugen. Vielleicht werden wir eine andere Art von Vieh bekommen. Aber das, woran wir denken müssen, sind die Änderungen im Leben der übrigbleibenden Bevölkerung. Auch wenn wir noch in dieser Minute eine Antwort auf das dicke Wasser finden, werden noch viele sterben. Ich persönlich glaube, daß die Regierungen bald zusammenbrechen. Regierungen können Fehler machen, aber das ist immer noch besser als eine Anarchie. Gott weiß, was aus all dem noch entstehen wird.«

Winthrop meinte bedächtig: »Weißt du, was das bedeutet? Auch bei den Menschen wird es eine Evolution geben. In Zukunft werden nur einige der Überlebenden Kinder haben – diejenigen, die nicht körperlich zu arbeiten brauchen. Welche Auswirkungen wird das auf die menschliche Rasse haben? Wird sie schwächer werden? Intelligenter? Auf jeden Fall anders. In dreihundert Jahren wird sich die Menschheit zu etwas ganz anderem entwickelt haben, als sie es ohne die Wolke getan hätte.«

»Nun gut«, erwiderte Loudermilch. »Wenn wir in diesem Augenblick einer genügenden Anzahl von Leuten neue Hoffnung geben können, tragen wir dazu bei, die Dinge zu stabilisieren, bis wir eine Lösung gefunden haben. Und ich glaube, du wirst sie finden, Hugh. Laß mich ihnen das mitteilen.«

Die beiden Frauen warteten darauf, was Winthrop entgegnen würde. Er sagte: »Vielleicht wird es wirklich das beste sein. Tu es.« Er erwähnte nicht, daß es schlimme Folgen haben könnte, falls sich nachträglich herausstellte, daß sie unrecht gehabt hatten. Dieser Gedanke kam ihnen allen überhaupt nicht. Loudermilch ging nach unten ans Funkgerät.

Er war mitten in seinem zweiten Gespräch, als Brooks ihm das Mikrophon aus der Hand riß. »Was tust du da?« schrie er. »Hast du den Verstand verloren? Warum erzählst du den Leuten so etwas?«

Winthrop sprang wie eine Katze die Stufen hinunter und

nahm Brooks das Mikrophon wieder weg. Brooks brüllte ihn an: »Bist du dafür verantwortlich?«

»Immer mit der Ruhe, Sam. Ja, ich bin dafür verantwortlich. Carl hat ein paar Leuten mitgeteilt, welchen Eindruck ich gewonnen habe. Ist daran etwas Schlechtes?« Winthrop sprach mit Brooks erstaunlich ruhig und geduldig.

»Wo hast du deinen Beweis?«

Winthrop hielt eine Hand hoch. »Nirgends. Es gibt keinen. Es geht hier nur um meinen persönlichen Eindruck, und wir informieren die Leute, daß wir keinen Beweis haben – bis jetzt noch nicht. Das ist alles, was wir tun.«

»Aber ich stecke mit drin in dieser Sache. Man wird glauben, daß ich damit einverstanden bin, und das bin ich nicht. Wie –«

»Wir werden hinzufügen, daß du anderer Ansicht bist. Okay? Carl, warum setzt du deine Gespräche nicht fort? Wenn irgendwer, mit dem du sprichst, weiß, daß Sam bei uns ist, sag ihm, Sam sei anderer Ansicht.« Er übergab Loudermilch das Mikrophon, der prompt weitermachte.

Winthrop führte Brooks, der wild mit den Augen rollte und schwer atmete, hinaus und in das Cockpit. Er erzählte ihm von den vielen kleinen Dingen, die er auf dem Riff beobachtet hatte. Aber nichts davon machte Eindruck auf Brooks. Er nahm es nicht einmal auf. Seine Atemnot wurde so schlimm, daß er nur noch daran denken konnte, wie er genügend Luft bekam. Keuchend legte er sich hin. Winthrop breitete eine Decke über ihn, und da er sonst nichts weiter tun konnte, lehnte er sich zurück und trank noch eine Flasche Heineken. Und er sah auf das Wasser hinaus und hörte, wie Loudermilch eine Person nach der anderen anrief.

17. Februar

Der Anführer der Tümmler kam langsam näher, und die übrigen Tümmler hinter ihm sprangen und rollten im Wasser. Sie mußten erst kürzlich Beute gemacht haben, denn sie nahmen keine Notiz von einer Schule Bernsteinmakrelen, die ihnen quer über den Weg zog. Mühelos sauste der erste Tümmler auf Winthrops Luftblasen zu und stieß sie spielerisch mit der Nase an. Winthrop legte sich auf die Seite, um das Tier besser beobachten zu können. Es folgte den größeren Blasen bis zur Oberfläche, stubste sie an und zerteilte sie in lauter kleine Blasen. Mit Absicht atmete Winthrop früher aus als für gewöhnlich. Der Tümmler holte an der Oberfläche Luft, schlug einen Purzelbaum und stieß hinunter auf den Grund, wo Winthrop in einer Tiefe von vierzig Fuß lag. Er bemerkte, daß die Flanken des Tümmlers die Sonne glitzernd reflektierten. Das erregte seine Aufmerksamkeit. Auf der Seite des Tieres befand sich nicht nur ein Lichtfleck, sondern ein regelrechtes Spiegelbild der Sonne. Seine Flanken waren wie ein Spiegel, silbrig und glänzend. Der Tümmler schien mit einer reflektierenden Schicht bedeckt zu sein. Winthrop sah zu, wie das über zwei Meter lange Tier in seiner Lebensfreude herumspielte wie ein junger Hund.

Langsam zog Winthrop sein Messer aus der Wadenscheide. Er achtete darauf, es nicht in der üblichen Art zu halten, damit der äußerst intelligente Tümmler ihn nicht für einen Feind ansah. Dann holte Winthrop tief Atem, nahm das Mundstück heraus und hielt es so weit wie möglich von sich ab. Er hob es langsam, bis eine Kette von Luftblasen daraus hervorströmte, und bewegte es ein wenig auf und ab. Der Tümmler kam näher, sah sich die Sache an, schwamm einen Kreis und kehrte zurück. Er gab dem Mundstück einen leichten Stoß, und als er sich kurz abwandte, fuhr Winthrop ihm mit dem Messerrücken über die Flanke. Das konnte er mehrere Male wiederholen, bis der Tümmler des Spiels müde wurde und zu seinen Kameraden zurückkehrte. Winthrop war beinahe bewußtlos vor Luftmangel.

Er griff sich das Mundstück wieder und tat ein paar tiefe Atemzüge. Als er wieder klar sehen konnte, betrachtete er sein Messer. Es klebten ungefähr zwanzig Gramm einer grauen Substanz daran. Er berührte sie vorsichtig mit dem Zeigefinger. Sie war fest und nicht leicht zu verschmieren. Er kroch auf dem Sand zurück und hielt das Messer vorsichtig vor sich. Als er das Messer gegen die Sonne hob, meinte er, in dem Wasser um sich Unterschiede der Reflektion zu sehen. Rings um das Messer entstand eine Tasche mit etwa sechzig Zentimeter Durchmesser. »Wie Hitzewellen in der Luft«, murmelte er vor sich hin. Er fuhr mit einer Hand durch die Tasche, aber er fühlte keinen Unterschied.

Sehr vorsichtig tauchte er auf und stieß genau vor dem Cockpit durch die Wasseroberfläche. »Ist Brooks da?« rief er.

Gail blickte herab und sagte: »Er ist in der Kajüte und macht graphische Darstellungen.«

»Bitte ihn, gleich hier am Boot zwei Viskositätsbestimmungen durchzuführen, ja?«

Gail verschwand, und Winthrop hörte sie mit Brooks sprechen. Die Stimmen wurden lauter. Sie stritten. Schließlich kam Gail zurück. »Er sagt, er habe zu tun und könne seine Zeit nicht verschwenden.« Ihr Gesicht war rot, und ihre Augen flammten.

Winthrop fühlte, wie auch ihm das Blut ins Gesicht stieg. Er bereitete sich darauf vor, ins Cockpit zu steigen. Doch da erschien Joans Gesicht über dem Schandeckel. »Ich kann die Tests für dich machen, Hugh. Ich habe sein Viskosimeter hier, und ich kann damit umgehen. Wo willst du die Messungen durchgeführt haben?«

»Mach eine vor dem Bug, schnell. Und schreib das Ergebnis auf.«

Joan ging zum Bug, holte eine Wasserprobe herauf, führte den Tauchkolben ein und notierte die Zeit. Sie kam zurück an die Stelle, wo Winthrop sich an die Strickleiter klammerte, und fragte: »Wo sonst noch?«

»Genau hier. Unter meinem Kinn.« Winthrop hielt das Messer mit der grauen Substanz unter Wasser vor der Brust.

»Hier ist die Zeit kürzer«, erklärte Joan. »Ich sehe auf der Kalibrationskurve nach und sage dir dann die Viskosität.« Sie verschwand.

Winthrop streckte Gail das Messer entgegen. »Nimm es, aber vorsichtig. Halte es vor dich, bis ich oben bin und meine Ausrüstung abgelegt habe.« Gail nahm das Messer und wartete, bis Winthrop es wieder ergriff. »Jetzt hol bitte eine Flasche. Ich möchte nicht, daß diese Substanz austrocknet.« Gail holte eine Flasche. »Spüle sie im Meer aus und fülle sie bis zur Hälfte mit Wasser. So.« Er kratzte die graue Substanz mit den Fingern in die Flasche und verschloß sie.

Joan kam mit der Kalibrationskurve zurück. »Laß sehen.« Vor Konzentration runzelte sie die Stirn. »Am Bug beträgt die Viskosität acht-null-sechs Komma neun Zentipoise. An deinem Kinn eins Komma null-zwei-zwei. Wie kommt denn das? Warum ist es da, wo du bist, soviel weniger?«

»Weil«, antwortete Winthop bedächtig, »die Meeresbewohner ein Mittel gegen das Wasser produzieren. Das dicke Wasser verschwindet wieder.«

Loudermilch sah ihn an. »Ist es das, worüber du den ganzen letzten Monat gesprochen hast? Ist das die Lösung, die die Lebewesen auf dem Riff gefunden haben?«

Winthrop nickte. »Das ist sie. Sie alle scheiden eine Substanz aus, die das Wasser wieder flüssig macht. Der Tümmler da unten war ganz damit bedeckt. Sie scheint im Wasser eine erstaunliche Strecke weit zu wirken. Ich weiß nicht, was es ist – ein Katalysator oder ein Enzym oder sonst etwas dergleichen. Sam soll es für uns analysieren.«

Loudermilch schüttelte den Kopf. »Ich fürchte, Sam ist nicht mehr bei uns, Hugh.«

»Wie meinst du das? Er ist doch unten.«

»Nein, ich meine, daß er für uns nicht mehr erreichbar ist. Er ist nicht ansprechbar.«

»Wir müssen es versuchen. Vielleicht wird ihn das hier aufrütteln.« Winthrop rief die Kajütentreppe hinunter: »He, Sam! Komm mal her!«

»Ich bin beschäftigt.«

Winthrop sah Loudermilch an. Beide gingen nach unten. Brooks saß, umgeben von Papieren, auf einer Koje. Er blickte nicht einmal hoch. »Sam, wir brauchen dich für eine wichtige Arbeit«, sagte Winthrop. »Wir haben die Lösung gefunden, wie das Wasser wieder dünn gemacht werden kann.«

Brooks arbeitete weiter. Winthrop packte ihn bei der Schulter und schüttelte ihn. »Was willst du?« fragte Brooks.

»Sam, wir brauchen dich. Ich habe die Probe einer Substanz, die analysiert werden muß. Willst du das tun?«

»Ich muß ein paar Säulendiagramme zeichnen, Hugh. Ein anderes Mal.«

Winthrop packte auch die andere Schulter, drehte Brooks zu sich herum und schüttelte ihn so heftig, daß Brooks' Kopf hin und her flog. Winthrop bemerkte, wie dünn sein Hals war. Mehr als alles andere verriet dieser dünne Hals den Zustand des Wissenschaftlers. Winthrop hörte auf, ihn zu schütteln, und Brooks nuschelte, als sei nichts vorgefallen: »Ein anderes Mal.« Er wandte sich erneut seinen Papieren zu.

Winthrop überlegte einen Augenblick. Diesmal ganz sanft drehte er Brooks Gesicht noch einmal zu sich, und dann schlug er ihm mit der flachen Hand ins Gesicht. Brooks' Kopf zuckte zurück, Überraschung zeigte sich in seiner Miene, und er sah Winthrop in die Augen. Winthrop sagte: »Sam, wir brauchen dich. Wir haben das Problem gelöst. Wir wissen, wie das Wasser wieder dünn gemacht werden kann, aber wir brauchen dich für eine Analyse. Willst du sie für uns durchführen?«

Brooks' Augen wurden klar. »Was? Ihr könnt . . . Ihr wißt . . .« Doch gleich darauf verschwamm sein Blick wieder. »Störe mich nicht, Hugh. Ich habe zu arbeiten. Ich glaube, ich bin schon ganz nahe an einer Lösung. Geh weg und laß mich arbeiten.« Erneut wandte er sich seinen Papieren zu.

Winthrop ging zurück in das Cockpit. Gail fragte: »War das Geräusch, das ich gehört habe, eine Ohrfeige?«

Winthrop nickte. Joan erkundigte sich: »Sitzt sein Kopf noch auf den Schultern? Das muß ein gewaltiger Schlag gewesen sein.«

»Ich fürchte, sein Kopf sitzt nicht mehr auf den Schultern«, antwortete Winthrop. »Wir müssen jemand anders finden, der die Analyse für uns macht. Wie wäre es mit dem Pathologen aus dem Krankenhaus drüben? Er macht mir den Eindruck eines tüchtigen Mannes. Wir können auch die Hälfte unserer Probe aufs Festland schicken. Irgendwo in Florida muß es doch einen guten Chemiker geben.«

»Ja, zum Beispiel Simpson an der Universität von Florida«, fiel Loudermilch ein. »Er ist übrigens Polymer-Spezialist. Aber warte. Wir brauchen hierfür einen Analytiker, nicht wahr? Dann ist der Mann, den wir brauchen, Silverton von der Technischen Hochschule von Georgia. Er arbeitet auch für das Gericht in Fällen, die mit Rauschgift zu tun haben. Mit seinem Laboratorium und seinen Fähigkeiten kann er alles analysieren. Ich kenne ihn gut. Jetzt ist die Frage, wie wir unsere Probe nach Atlanta schaffen.«

»Das wird schon gehen, und wenn wir die Army einschalten müssen.«

»Wenn es sein muß, werde ich zu Fuß nach Atlanta gehen«, erklärte Joan. »Du denkst, daß dies die Lösung ist?«

Winthrop lächelte sie an. »Ja. Ich beobachte die Wirkung dieser Substanz schon seit einem Monat. Alle Fische und alle anderen Lebewesen auf dem Riff scheiden sie aus. Ich brauchte nur ein großes Tier wie den Tümmler, um es richtig zu erkennen. Ja, das ist die Lösung.«

Brooks stürzte an Deck. »Ich muß noch ein paar Messungen durchführen, um eine zeitliche Lücke in meinen Graphiken zu schließen.« Er begann, einen Regulator an einer Preßluftflasche zu befestigen.

»Du kannst jetzt nicht tauchen«, sagte Joan. »Wir fahren ab.«

Brooks ignorierte sie und streifte die Gurte über. Winthrop packte ihn, setzte ihn ins Cockpit und versuchte, ihm die Preßluftflasche vom Rücken zu ziehen. Brooks verschränkte die Arme vor der Brust und sah Winthrop wild an. »Ich muß hinunter. Ich muß hinunter. Ich muß hinunter. Ich muß hinunter.«

»Du bleibst hier«, befahl Winthrop scharf. »Wir wollen gleich den Anker lichten.«

Brooks kämpfte sich wieder auf die Füße. Loudermilch legte Winthrop eine Hand auf die Schulter und meinte: »Hugh, vielleicht können wir ihn ein paar Minuten tauchen lassen.«

Winthrop überlegte. Er sah auf seine Uhr, trat zurück und nickte. Sofort beschäftigte Brooks sich wieder mit seiner Ausrüstung. Dabei murmelte er fast unverständlich vor sich hin: »Temperatur, Viskosität. Temperatur, Viskosität.« Immer wieder und wieder.

Gail flüsterte Winthrop ins Ohr: »Können wir ihn in seinem Zustand tauchen lassen? Ich mache mir Sorgen.«

»Er ist schon seit zwei Monaten nicht mehr in einem Zustand, daß er tauchen dürfte. Du siehst doch, daß wir ihn kaum zurückhalten können.«

»Ich werde auf ihn achtgeben«, versprach Joan. Sie schlüpfte in ihre Flossen, setzte sich die Maske auf den Kopf und wartete, bis Brooks alle seine Instrumente an den Gürtel gehängt hatte. Brooks platschte ins Wasser. Joan folgte ihm.

Die anderen räumten das Cockpit und die Kajüten auf. Im Nu war eine halbe Stunde vergangen. Da hörten sie Joan schreien: »Schnell! Sam ist etwas zugestoßen!«

Sie hing auf halber Höhe der Strickleiter. »Ich habe ihn beobachtet. Er starrte lange Zeit bewegungslos auf ein Thermometer. Dann merkte ich, daß etwas nicht stimmte, aber zuerst wußte ich nicht, was es war. Es stiegen keine Luftblasen mehr auf. Er atmet nicht«, berichtete Joan keuchend.

Noch während sie sprach, hatte Winthrop Flossen und Maske aus der Sitztruhe im Cockpit gezogen. Als er auf den Grund tauchte, sah er Brooks liegen. Er hielt ein Thermometer in der

Hand. Sein Kinn lag auf seiner Brust. Das Mundstück hing lose. Winthrop preßte Sams Brust zusammen und versuchte gleichzeitig, seinen Mund um das Mundstück zu schließen. Dann löste er Brooks' Bleigürtel und stieß mit ihm nach oben. Dabei versuchte er, das Mundstück an Ort und Stelle zu halten. Die anderen halfen ihm, Brooks ins Cockpit zu ziehen. Joan begann sofort mit einer Mund-zu-Mund-Beatmung. Winthrop fühlte Brooks' Puls. Es war nichts zu spüren. Er horchte das Herz ab, aber er hörte nichts anderes als das Rauschen der Luft, die Joan in Brooks' Mund zwang. Loudermilch breitete eine Decke über Brooks, um ihn warmzuhalten, und Gail holte ein Glas Bourbon. Winthrop massierte die Herzgegend in dem Versuch, das Herz wieder zum Schlagen zu bringen. Keiner von ihnen sprach ein Wort, und es war nichts zu hören als das Klatschen der Wellen gegen den Schiffsrumpf und Joans tiefes Atmen.

Eine halbe Stunde später wußten sie, daß es keinen Zweck hatte. Sie wickelten Sams Körper in eine Decke und brachten ihn nach unten. Loudermilch stand vor dem Funkgerät, starrte es an und meinte: »Wißt ihr was? Irgendwie bin ich nicht so traurig, wie man es sonst ist, wenn ein Freund stirbt. Sam war dem Tode geweiht – schon seit Monaten. Aber er starb, indem er genau das tat, was er wollte – indem er seine kostbaren Daten sammelte.«

»So empfinde ich es auch«, stimmte Winthrop ihm zu. »Ich möchte doch wissen, ob er der erste Mensch ist, der je einen Nervenzusammenbruch unter Wasser hatte.«

»Glaubst du, das war der Grund? Wirklich?« fragte Joan ängstlich. »Ich bin überzeugt davon. Ich habe schon lange damit gerechnet, nur hätte ich nie gedacht, daß es unter Wasser passieren würde. Du hättest nichts tun können.« Er lächelte Joan zu. »Du brauchst dir keine Vorwürfe zu machen. Wenn sich jemand Vorwürfe machen muß, bin ich es. Ich wußte, daß es so kommen würde.«

Joan schüttelte zweifelnd den Kopf. »Aber ich habe gesehen, wie es geschah. Auf einmal bewegte er sich nicht mehr.«

Gail legte einen Arm um Joan. »Mir wäre es genauso gegangen

wie dir. Ich habe ihn in letzter Zeit oft bewegungslos unter Wasser gesehen.«

Joan holte tief Atem und schüttelte ihre trübe Stimmung ab. Alle bemerkten es. Winthrop holte drei Flaschen Heineken-Bier, Gail öffnete sie, und Loudermilch rief Dr. Silverton an.

Dr. Silverton hörte aufmerksam zu und stellte ein paar Fragen, zu deren Beantwortung Loudermilch Winthrop herbeirief. Als sie alles erklärt hatten, war Silverton ganz aufgeregt. »Die Probe dieser Substanz muß so schnell wie möglich hergebracht werden. Ein Flugzeug kommt nicht in Frage. Das ist zu gefährlich. Aber ich kann Hilfe von der Army bekommen. Hören Sie, können Sie die Probe nach Fort Lauderdale oder Miami oder sonst einen geeigneten Ort an der Küste schaffen? Ich werde zwei schnelle Wagen hinschicken, die sie in mein Laboratorium bringt.«

Winthrop legte einen Zeitpunkt für Fort Lauderdale fest. Die Donado würde morgen früh da sein.

Auf dem Weg legten sie in Coral Harbor an. Sie ließen Sams Leiche dort und erklärten der Polizei, was geschehen war. Sie sprachen auch mit dem Pathologen des Krankenhauses und gaben ihm einen Teil der grauen Substanz. Brennstoff und Vorräte brauchten sie nicht zu besorgen, so daß sie Coral Harbor nach einer Viertelstunde wieder verlassen konnten.

Die Fahrt nach Fort Lauderdale war angenehm. Aber die brüllende Menschenmenge, die sie erwartete, war eine Überraschung. Sie hatten nicht daran gedacht, daß ein Gespräch über Funk von jedem mitgehört werden konnte. Silverton war jedoch ebenfalls anwesend, und mit ihm die Polizei und eine Kompanie Infanterie. Silverton, Loudermilch und Winthrop sprachen nur zehn Minuten miteinander. Dann wurde Silverton nach Atlanta zurückgefahren. Der Bürgermeister von Fort Lauderdale hatte die Absicht, eine Feier für Winthrop und Loudermilch zu veranstalten, aber nachdem sie einen kurzen Blick miteinander getauscht hatten, erklärte Winthrop, sie hätten noch eine Menge

Arbeit zu tun. Alle vier flohen auf die Donado und hinaus auf hohe See.

»Ich dachte, wir könnten uns einmal an Land ausschlafen«, bemerkte Winthrop. »Damit ist's nun nichts.«

In der Nacht ankerten sie zwischen Great Stirrup und Little Stirrup Cays und schliefen zwölf Stunden lang. Am Morgen trafen sie in der Kombüse wieder zusammen, und Gail begann, Speck zu braten.

»Nun«, meinte Loudermilch, »wohin segeln wir jetzt?«

Keiner antwortete. Winthrop, der sich rasieren wollte, wusch sich das Gesicht. Joan schlug die Eier. Loudermilch zuckte die Schultern und wartete. Winthrop trocknete sich das Gesicht ab und rasierte sich mit einem Messer. Loudermilch wusch sein eigenes Gesicht und rasierte sich mit Seife und Rasierapparat. Sie frühstückten an dem Tisch in der Kombüse, statt ins Cockpit zu gehen. Winthrop nahm den ersten Schluck von seinem heißen Kaffee und fragte: »Also, Carl, was hast du vorhin wissen wollen?«

»Komm, komm. Du brauchst keinen Kaffee, um morgens richtig wach zu werden. Du hast nachgedacht. Zu welchem Schluß bist du gekommen?«

»Zuerst wollen wir abwarten, was Silverton feststellt. Wir könnten uns geirrt haben, und dann geht unsere Arbeit weiter.«

»Wir haben uns aber nicht geirrt. Sobald wir mit dem Frühstück fertig sind, wollen wir nachfragen. Wenn Silverton nun gute Nachrichten für uns hat, was dann?«

Winthrop sah auf seinen Teller. »Ich weiß nicht, aber ich denke mir folgendes: Wir vier sind ein viel zu gutes Team, als daß wir uns trennen sollten.« Er hob den Blick, und die anderen drei nickten. »Eßt auf, damit wir Silverton anrufen können.«

Die Verbindung war schnell hergestellt, und Silverton war außer sich vor Begeisterung. »Sie hatten recht, es ist ein Enzym, und zwar ein Hydrat, und es scheint ein sehr stabiles Protein zu sein, was auch der Grund sein muß, warum eine geringe Menge in so weitem Umkreis wirkt. Ich habe schon eine Arbeitsgruppe daran gesetzt, es synthetisch herzustellen, und ich stehe in ständiger Verbindung mit Ray oben in Michigan und Sweet vom M. I. T. In zwei Tagen werden wir alle Fragen gelöst haben. Wir können das Zeug tonnenweise produzieren und werden bald imstande sein, Seen und Wasserreservoire von der PON-Gallerte zu befreien. Ist sonst noch was? Ich habe zu arbeiten.«

»Nein«, erwiderte Loudermilch. »Wir melden uns in ein paar Tagen wieder. Bis dann, Fred.« Er murmelte vor sich hin: »Sieht so aus, als ob man uns nicht mehr braucht.« Dann ging er zu den anderen ins Cockpit. Schweigend betrachteten sie die sonnenbeschienenen Inseln.

Schließlich ergriff Joan das Wort. »Ich weiß, was getan werden muß. Warum drückt ihr euch alle davor, es auszusprechen?«

Sie sahen sie an.

»Ich kenne niemanden«, fuhr Joan fort, »der besser dazu geeignet wäre, einen Bericht über diese . . . diese Katastrophe zu schreiben, die die Erde befallen hat, als Carl. Außerdem kenne ich niemanden, der ihm besser dabei helfen könnte, als uns drei.«

Nachdenklich meinte Winthrop: »Dann wäre es am besten, weiter an Bord der Donado zu leben. Wir werden sie hinunter zu den Exumas bringen. Dort gibt es Hunderte von Inseln, und die meisten sind unbewohnt. In den wenigen Siedlungen leben großartige Menschen. Wenn wir wollen, können wir alle paar Monate nach Nassau oder sogar zum Festland zurückfahren. So wollen wir es machen.«

Jetzt richteten alle ihre Augen auf Loudermilch. Dieser brummte: »Ich wollte mich eigentlich vom Beruf zurückziehen. Aber« – er schüttelte den Kopf – »so ist es besser. Ja, ich werde ein Buch über all das schreiben.«

Sie schrieben es, und als es veröffentlicht wurde, hatte es vier Autoren. Es wurde darin ausführlich dargestellt, was mit dem gesamten Leben auf der Erde geschehen war. Dadurch daß die Änderungen, die im Jahr des schweren Wassers stattgefunden hatten, festgehalten waren, konnten in Zukunft stattfindende

Änderungen abgeschätzt werden. Offensichtlich würde die menschliche Rasse nicht mehr wie früher sein. Aber ob die Entwicklung zum Guten oder zum Schlechteren gehen würde, war nicht klar. Viel würde davon abhängen, welche Entscheidungen die Menschheit traf.

In dem Buch wurden auch Überlegungen angestellt, welchen Ursprung die Wolke gehabt haben mochte. Eine eindeutige Antwort gab es nicht, aber eins schien sicher zu sein: Ein Zufall war es nicht gewesen. Sie war der Erde in den Weg gelegt worden. Folglich lautete die Frage nicht ob, sondern wer. War die Wolke eine Waffe? Oder ein Geschenk?

Es würde eine lange Zeit dauern, bis irgend jemand darauf eine Antwort fand.

ENDE